对手

人生因对手而精彩

莫以媞◎编著

中国華僑出版社

图书在版编目(CIP)数据

对手 / 莫以媞编著. —北京:中国华侨出版社,2011.4

ISBN 978-7-5113-1158-0

Ⅰ.对… Ⅱ.莫… Ⅲ.成功心理—通俗读物 Ⅳ.B848.4-49

中国版本图书馆 CIP 数据核字(2011)第 040820 号

● 对手

编　　著 / 莫以媞

责任编辑 / 崔卓力

装帧设计 / 袁剑锋

责任校对 / 李向荣

经　　销 / 全国新华书店

开　　本 / 787 × 1092 毫米　1/16　印张 /16.5　字数 /216 千字

印　　刷 / 廊坊市华北石油华星印务有限公司

版　　次 / 2011 年 9 月第 1 版　2011 年 9 月第 1 次印刷

书　　号 / ISBN 978-7-5113-1158-0

定　　价 / 28.80 元

中国华侨出版社　北京市朝阳区静安里 26 号　邮编:100028

法律顾问:陈鹰律师事务所

编辑部: (010) 64443056　64443979

发行部: (010) 64443051　传真: (010) 64439708

网　址: www.oveaschin.com

E-mail : oveaschin@sina.com

前言

优胜劣汰的年代，可怕的不是失败，而是无知。当外面战火纷纭而你却做着不切实际的黄粱一梦之时，生命留给你的就不仅仅是悲哀，连同情都显得那么奢侈。

在这个充满硝烟的世界里，你是否能够清醒地意识到什么对你来说是无可取代的？什么对你是饱含着敌意却又价值丰富的？又是什么可以让你时刻保持警惕却反而能够催促你不断自我进步？是什么让你处于漩涡之中却又牢牢占据着救生的绳索？

答案只有两个字：对手。

回顾你的人生，一帆风顺一定不能对其进行贴切的形容，或许你连说出口的成功的次数都屈指可数。再仔细回味一番你这每当想起就自豪不已的“成功”，在那段特殊的时间里，让你记忆深刻的除了你的努力与勤奋，还有什么？对，就是那个你一心想要超过与战胜的对手！

是你的对手让你在疲惫困顿时挣扎出最后一丝意识，是你的对手让你在消极倦怠时提起最后一分信心，是你的对手在你目标道路上散发的刺眼的光芒让你不敢不全心全意付出去克服这障碍以实现理想！

如果你还在茫然中找不到前进的方向，如果你还安于现状不敢将视线投射到更广阔的世界中，如果你早已对平淡的生活充满了失望渴望新鲜与刺激，那么睁开你的双眼看看你的周围，你的对手们正埋伏在任何一片不起眼的树丛中，只等待着你的发现，等待着你的挑战。

就从现在开始，收拾好你的背囊，装满你储备已久的头脑与经验，用你的勇气将它紧紧的系在你的身上，挺起胸膛，勇敢地直视那些灌木从中刺探的眼神，从容地说上一句：

“对手，你好！”

去勇敢地发现他，用你锐利的目光；仔细地探究他，用你细致的眼光；辩证地区分你的对手，正面地迎接他们的挑战，从他们的言语中发现破绽，从他们的行动中找出弱点，看穿他们击败他们。或许你所能得到的不仅仅是成功，还有朋友。

当你经历了低谷、绝处、战场与荣耀这一过程的历练再去审视你的对手时，你会发现，在那群人之中，对手的形象已经有了不经意的转变。你会发现，无意中你已经从他们身上得到了意外的收获，无论是人际圈的扩大、思考问题模式的转变还是自身修养与素质的沉淀，这一切都无可厚非地归功于你的对手的潜移默化。

在你的人生之中，对手作为一个不可或缺的角色，所起到的作用超乎你的想象。如果你还未意识得到，那么就从现在开始，时刻准备好发现他、迎接他、战胜他！

目 录

第一章 给你一双善于发现的眼睛

在这个地球上，能够与你相遇的人不计其数，你无法决定每一个人都对你友好，自然也就无法确定每一次相遇都是善意。为自己装备一双善于发现的眼睛，看清楚身边潜伏的究竟是敌是友。定位你的对手、看穿你的对手、找出你们共同的目标，为这场即将到来的战争做好一切准备。

第二章 为你的对手贴上标签

有句话叫做“明枪易躲暗箭难防”。对于一个武林高手来说，难以防备的不是直指要害的拳头，而是不知何时会出现的暗器。但是即便是暗器，也有高级低级之分。对于杀伤力高的暗器，高手要做的是全力防范，而对于毫无威胁的暗器，高手们只是一笑置之不予理会。你的对手正如不具确定性的暗器，警惕战斗力强的对手，忽略无意义的挑战。

第三章 目光坚定 直面对手

面对威胁，蜜蜂的做法是全力战斗，直到把对手逼走，哪怕要付出生命做代价；蟑螂的做法是躲避在角落，等到被发现后死于鞋底。不同的态度决定了你不同的行为，不同的行为造就了不同的人——成功或失败。像蜜蜂一样，举起武器，英雄一样去迎战吧！

第四章　朝夕相处的对手

“他不爱我，他的眼神透露他的心。”只是一句情歌就将这道理昭然若揭——只要心中有，身体就一定会有所指示。无论职场还是生活，都免不了与对手的交锋，如何与对手相处，如何从他的言行举止分析他的心思，就是你成功的关键所在。

第五章　将对手装进你的钱包

就算是垃圾桶，也能从中得到可以再利用的资源。可以成为你的对手的人，他身上蕴藏的无尽财富只等着你去发现。在与他竞争的同时，你是否看得到自己的改变？不要一味埋首于计较成败，这只会让你视野变狭隘，放开你的视线，看看你的对手给你带来了什么意外惊喜吧！

第六章　为自己匹配CPU

如果满分是100，你给自己和你的对手分别打多少分？在你陷身于与其对立的状态时，你有没有转换视线对自己进行过一番审视？你的优势有哪些？你对自己能掌控多少？什么可能成为你失败的软肋？什么可能使你错失成功的机遇……适时地评价自己，为自己打造属于自己的最完美的中央处理器！

第七章 狭路相逢勇者胜

独木桥横跨悬崖，却延伸向两个方向。谁也无法保证自己是唯一需要通过它的那一个，谁也无法阻拦另一方向出现的不速之客。这样的见面，无论对于哪一方来说都是直关生死的，在这种情况下，如何抉择、如何行动，就决定了你的命运。

第八章 自我修炼 成就完美

空心的树木即使长到参天的高度，也不堪狂风的袭击；厚实的树桩尽管没有伟岸的身躯，却能在风浪中稳稳扎根于地面。成就的大小不由吹嘘的假象决定，实力才是说话有底气的真正保障。要让对手心服口服，就要时刻注意自身能力的提高，放眼于战场之外，做一个场内场外的胜利者。

第九章　酒逢知己千杯少

“化敌为友”不仅是战争的最高境界，也是做人修养的最大挑战。面对一个曾让你心神不宁的对手，你不仅看到了你们之间的剑拔弩张，竟然还能看到他身上让你钦佩的闪光点，你会发现，“惺惺相惜”的感觉不比“胜利”来得差强人意。

第十章　人生日记 对手那一页

短短人生数十载，弹指一挥已将尽。人生路上，若没有几个对手来调和生命的速度与气氛，这一路的风景平淡得只让人觉得乏味。感谢你生命中曾出现的那个让你称之为对手的人，他所教会你的不仅是勇气，他所带给你的，也不仅是经历。

第一章

给你一双善于发现的眼睛

在这个地球上，能够与你相遇的人不计其数，你无法决定每一个人都对你友好，自然也就无法确定每一次相遇都是善意。为自己装备一双善于发现的眼睛，看清楚身边潜伏的究竟是敌是友。定位你的对手、看穿你的对手、找出你们共同的目标，为这场即将到来的战争做好一切准备。

1.

茫茫人海，一眼定位你的对手

冬天的午后，太阳温暖地在草地上投下影子。一只黄狗和一只黑狗窝在厨房的墙角边，打着饱嗝享受着午后时光。它们随便地聊着人世间的各种问题，比如真诚与虚伪、朋友与敌人。

黑狗说："我认为，幸福就是能和忠诚可靠的朋友一起生活，互相帮助、福祸共享。珍惜时间，做一切可以让自己朋友高兴的事情，让生活可以变得快乐而简单，同时在朋友的快乐里找到自己的快乐——天下还能有比这更加幸福的么？假如你成为了我的朋友，我一定会像我所说的那样来对待你。"

"真的么？"黄狗的心情一下子愉快了起来，"那实在是太棒了，亲爱的黑狗，从今天起我们就是亲密无间的朋友了！"

黑狗也显得激动了，说道："太好了，过去我们两个为了点鸡毛蒜皮的小事，几乎天天都要打架，那实在是太愚蠢了！人类都把我们当作忠诚的朋友，我们竟然还不能团结同类，让别人知道了岂不是可笑！就让我们用实际行动向人类证明：要变成朋友没有什么能够成为阻碍！"两个新要好起来的朋友立刻热情地拥抱在了一起，好像了结了多年的心愿一般。

就在这个时候，天哪，一个厨子从窗户里扔出来一根香喷喷的骨头！两个新朋友立刻像闪电似地向骨头扑了过去。"亲密"的朋友"亲密"地滚在一起，相互嚎叫撕咬。

这样的友情在生活中随处可见，平日里表现得无微不至默契十足，然而当它们面前只剩下一根骨头的时候，他们摇身一变就成了对方的敌人。

茫茫人海之中，你所能遇见的人虽然并不是个小数目，但是这些人又成为了你生命中的不同角色。有人成为你无话不说的知己，有人成为你分享悲喜的朋友，有人成为你见面时微微点头问候的同事，有人成为你互相知道名字见面时却连招呼都没有的陌生人。

还有些人，会让你见到了就心生不安，或者压力倍增，或者厌倦恶心，或者甚至巴不得夺路而逃。这些人被你的定义标签贴上了对手、上司、敌人等等充满了对立性的词语。

但是无论如何，他们的身份也都是清晰可辨的，最让人胆战心惊的还是那些隐藏了真实角色的环绕在你身旁的人。那个人，或许昨天还在和你一起把酒言欢，诉说着内心的爱恨情仇，像另一个你一样不停地说出你想说又说不出的话，你就差把房产、地契、存折一并交付和他共存亡了，可是第二天他就扬起了得意的笑容，蔑视的眼神看着你说道，你已经是我的手下败将了。原来不知不觉中，那些属于你的创意、公司的数据、邮箱的密码都早已成了他将你击溃的利剑。

觉得沮丧了么？后悔得捶胸顿足了么？夜深人静时觉得脸都要丢没了么？想来也真是可笑啊，自己竟然曾经和他推心置腹呢，真不知道自己正在享受这一片祥和的气氛的时候对方心里该是怎样的嘲笑和讽刺啊！还曾说要同甘共苦荣辱与共呢，现在想来真是字字见血如芒在背啊。

好吧，现在回到事情上，若是追究起责任来，你想把这个罪名扣在谁的头上？你曾经的“朋友”？去埋怨他吧，不该发挥演技派的表演功底，让你上当受骗，如果你无所谓更丢脸一点的话。这个时候不妨停下一切工作、一切心情，从头到尾的梳理一遍你的人脉圈，再比照着你上一段失败的友谊，或许，你会有不一样的收获。

这一生之中，你注定要与人相遇、相交，你要如何保证你留在身边的都是朋友、谨慎防备的都是敌人呢？其实环顾你的周围，你会发现原来你的对手早已在不经意间向你透露了自己的身份。

第一类，也就是最容易被识别出的对手——与你拥有共同目标的人！有句话是这么说的，没有永远的朋友，只有永远的利益。无论在战争年代还是和平世界，这句话都被商界、政界及任何一个领域的人时刻放于心头。不仅仅是他们的未雨绸缪，因为这一句话着实是经历了长久的历史沉淀下来的经验总结。他们如果够坦荡的话，就会光明正大地与你竞争。但是，不排除还有对手是看过兵法琢磨过计谋的。

在你工作受挫或者生活遭遇低潮时，他就是那个莫名其妙地出现对你嘘寒问暖的人。明明只是没打过什么交道的人，却是一副相交甚深的表情，体贴入微的关心着你是否有什么不顺心的事，做出了一个个完全合格的倾听者的表情。对于正处于低谷并且比平时容易觉得孤独的你来说，这个人的出现多么像是绝处逢生啊。所以，不要幼稚地相信，那个和你追求着同一目标的人会成为你的挚交，当他对你好颜好色、关怀备至时，何不问问自己到底有没有这么大的魅力足以令你的对手也对你神魂颠倒。若你没有这个自信，倒不如现在就将你的眼神放锐利些吧。

第二类，我们可以把他们定义成和你拥有同样底牌的人。所谓同样的底牌，就是指你们各自拥有的知识储备、头脑智慧、人脉等个人资源不相上下，或者说距离不算遥远。

假如此刻有一个升职的机会，那么你们拥有的是同样的筹码。在这场博弈中，只会有三种竞争对手出现：比你强的，和你差不多的，以及不如你的。倘若是你，你会把谁列为第一竞争对手？不如你的？我相信你不傻。比你强的？或许面对他你应该更多的是些侥幸心理在作祟。那么自然而然就指向了那个和你差不多的人——差不多的能力、差不多的实力，你们两个才是真正具有比较价值的对手。连你都是这么想的，更何况他。就好像从小到大的考试中，那张成绩单的排名上，排名中等靠上的你，谁是你较量最多的人？榜首的人永远只是你称赞羡慕的对象，垫底的位置是你不屑于放在心上的，真正让你不能掉以轻心的是排名表上紧紧挨着你的那些个人的名字啊。

第三类，心中城府很深、捉摸不透、阴险狡诈的代言人。这一类人无论在什么时候都是你应该提防的对象，无论你们有没有利益冲突，他的存在对周围的人来说都是一个随时可能爆炸的不可控炸弹。既然他在长久与人相处的过程中被人用贬义词装点了全身，那么你就相信吧，像小说中出现的那种他隐藏了内心真实情感的可能性为0.02%，而这0.02%被你遇上的可能性是0.0002%。你不是故事的编纂者，情节和人物不由你决定，你也不是童话世界的角色，你的周围没那么多善良的形象。收起你不舍得丢弃的纯真，这个世界就是这么现实，也不要去责怪抱怨什么，总有一天你也会发现，这成长对你来说没什么不好。

所以，面对着茫茫人海，时刻记着四个字：疑而不惑。让你的眼神犀利起来，将你的心思收敛起来，看清楚身边的人究竟是敌是友。定位你的对手、看穿你的对手、找出你们共同的目标，为这场即将到来的较量做好一切准备。

2.

不要再隐藏了，对手，你好

有一个人在森林里迷了路，他在茂密的树丛中如无头苍蝇般迷茫地寻找着方向。这时他遇到了另一个迷路的人，饥饿与害怕正在将他们一点点吞噬，正当他们焦急无奈时，更糟糕的情况出现了，一头狮子已经向他们靠近了。狮子每一个逼近的步伐都让气氛更加紧张一秒，这时候，其中一个人蹲了下来开始系鞋带。另一个人一面恐惧着狮子的威胁，一面嘲笑这个蹲着的人："怎么？你还指望能跑过狮子么？你可真是天真得可笑啊。"那个人并未理会他的奚落，而是在一切都收拾好了之后开始了奔跑，边跑边大声地说道："我只要比你跑得快就可以了！"

如果是你面临这样的危险，在森林中迷了路，雪上加霜的是又来了一头狮子，或者再把条件的范围放大一些：如果你正面临着不得不做出的选择和不得不胜利的战争，在这场争斗中，你所要坚持的立场和原则是什么呢？其实很简单，只有一句话，那就是不要让你的对手隐藏，同样的，也不要隐藏了你自己。你所要做的就是昂首挺胸地说一句："对手，你好。"

不要让你的对手隐藏。这句话看似令人产生了手足无措的无力感，你或许会说，倘若他们费尽心机想要隐藏自己的身份，我又如何能够使他们显形呢?！如果你发出了这样的感叹，那么只能说你的视野及眼界着实太狭隘了。对于一个想要吃到葡萄的狐狸来说，谁会是他的阻碍？院子的围墙、悬空的葡萄藤、看门的黑狗、葡萄的主人还有另一只想吃葡萄的狐狸，都是他在梦想得到葡萄的路途上仇视的对象。所以，只要你稍加分析，在你追求成功的道路上，谁会有可能成为你的对手，答案简直呼之欲出了。

如果你即将参加一个面试，职位只有一个，前来应聘的人在门口排起了看不到尾的长队，那么谁会是你必须打败的对象？你还会说你很迷惑么？他们早已在你面前矗立良久了啊。难道这个时候你会把自己的简历、自己的优势和才能夸夸其谈地炫耀给这队伍其中的哪一个么？如果你这么做了，此刻的你已经被对方从竞争对手的名单上划去了。不要觉得这只是个假设，这个场景在现实生活中实在出现得太频繁了。

总有人会犯下这样的错误，好不容易经历了重重的选拔终于进入了面试环节，在门口等候时与周围的人聊起了天，泄露了自己的全部底牌，还给了对手提醒和帮助。他不知疲倦地讲述着自己曾有过的辉煌和那些自以为了不起的雕虫小技；又或者做出一副谦恭的姿态，对陌生人诉说起了自己所苦恼的缺点与不自信。这个时候实在是应该出现一个人来狠狠地拍醒他："你知不知道你给你的对手提供了多少可以打败你的资料?!"

你用夸张的语气炫耀的才能，也许对手都未曾想到可以用来包装自己的形象。所以当你大肆吹牛的时候，他们正在内心对你的话语进行修改，保留有价值的成分成为自己的筹码。你那些高傲的词语他们可是绞尽了脑汁也没想出来的，这个时候你倒刚好给了他们灵感；你低姿态展现的缺点也正在提醒着他们，不要忘记向面试官暗示自己自我提高的能力，缺点人人都有，如何让人接受与信任就是另外一回事了。你可真是个善良的人，帮了你的对手们这么大的忙。

好好的分析你所处的现状，但凡你能多用心来思考谁和你拥有共同的目标，那些原本隐藏在目标背后可能对你造成威胁的对手也就慢慢地出现在你的眼前了。当你能够看到他们的存在，那么怎么对待他们自然一目了然了，就不会再犯上面提到的低级错误了。

在你所要遭遇的斗争中，不能隐藏的不仅仅只是你的对手而已，还有你自己。但凡可以被称作成功人士的典型，他们一定具有一个共同的品质，那就是不怕迎接挑战，同时，也不怕发起挑战。这不仅仅是一种信心，更是一种勇气。对于他们而言，所有的挑战都只是为了垫高自己脚下所踩的基石。

不要惧怕和人的对抗，你知道的，这个世界的规则不是你来制定的，你所能做的只有在这个规则的框架内让你的意义最大化。既然相对论早已被世人所肯定，那就给你的世界也筑起一道漆上了“竞争”的城垣。

你不逼自己一把，永远不知道自己会有多优秀。软弱的人必然无法享受成功的喜悦，胆小的人这一生都不能体会竞争所带来的刺激与兴奋。有的人在别人挑衅宣战的时候选择了退避三舍，他以平平淡淡才是真作为自己逃避的完美宣言，或许他还会因为收到别人对他心胸宽广的评价而快乐不已，殊不知他自以为宽宏大量的成全早就把他变成了别人心中没有男子气概、没出息没能耐的形象代言人。还有的人，目标在前方向他招手，而当他看到这一路上突兀的那些阻碍后，就默默地选择了停下脚步甚至直接转过头去。

如果你是第二种人，那么你的一生从你出生的那一刻起就已经有了结局，你注定了一辈子碌碌无为，平庸乏味。你从上学的时候就是班里永远不被注意的对象，一般的成绩，一般的性格，上了个一般的大学，找了份一般的工作，再度成为公司里不被注意的对象。这些都是因为你的平庸、你的怯懦。不敢定下目标的你从不知道有勇气是什么感觉，也从来不曾体会到过什么叫做为了梦想奋斗的激情澎湃。安于现状的你不会是朋友聚会时被想要叫出来一起娱乐的朋友，他们只有在绞尽脑汁之后才有可能想起，原来身边还有一个你。

也许你早已习惯了做一个默默无闻的人，心甘情愿地承受着生活所带给你的一切，麻木且毫无头绪地过着日复一日没有改变的日子，为何不趁着自己还有的是体力有的是精力给自己定下一个目标呢？它不需要多么远大，也不需要多么响亮，只要目标的内容是你在思绪袭来之时不自觉回避的渴望，哪怕只是想在交出的下一个策划案时得到所有方案中最多肯定的那一个。“他们都是名牌大学毕业的学生，方案比我做得好是应该的”、“反正这么多选择，肯定不会是我的这一个”、“这么多需要考虑的地方，我怎么可能面面俱到”……把这些想法从你的头脑中通通赶走，不停地告诉自己，“我曾经没有用心去做的方案还有值得肯定的地方呢，如果我用心了那还了得”，“名牌大学有什么了不起，比尔盖茨还不是功成名就之后的几十岁才拿到的哈佛的毕业证”，“别人能想得到，凭什么我就要输给他们”！

去把你的镜子拿来，看看那个和你长得一模一样的人，可真是奇怪，头脑中装满了这些话的人突然间看起来就年轻了好多。既然注定了要来这个世界感受一遭并且只能感受这一次，当年老回忆起时，别人尝到的滋味是你的几十倍，你甘心么？

身后有狮子出现时，系紧你的鞋带，转身奔跑的同时别忘了告诉旁边的人，我只要跑得比你快就行了。给你自己定一个想要达成的目标，将追求目标的路途中可能会阻碍你的因素一一找出来，因为他们都是你隐藏的对手，更重要的是，时刻告诉自己一句话，不能怕！不要让你的对手杀你一个措手不及，也不要不敢于迎接他的挑战，大大方方站出来，说一句："对手，你好。"

3.
是什么让你我势不两立

现在在你的脑海中召唤回一些记忆——关于那个你曾经把他当作对手的人。回想一遍你们共同经历的那一段过去，再找出一张纸，写下你能想到的你认为他之所以成为了你的对手的原因。你的纸上列下了多少条答案？是为了拿到唯一的第一名，还是为了追到都喜欢的隔壁班的那个女同学？是为了得到更多的奖金，还是单纯的就是想要超过他？

一般说来，导致对手这种关系产生的原因不外乎两种：客观条件的制约和个人情感的影响。

所谓的客观条件就是指那些可以用金钱、地位、名誉等来衡量的具体目标。一等奖只有一份，所以凡是参加了比赛的人都是对手关系；经理的位置也只有一个，所以只要有升职想法的职员就都变成了竞争对手；积极分子、三好学生的名称也只有一个，所以想要证明自身价值的人都要为了这个而将其他人的缺点都变成自己的优点。

客观条件所导致的竞争在现实生活中是占到较大比重的，

历史发展到今天，只要是战争的发生，就必然不可避免地是为了欲望、领土、金钱、权力和权利。从原始社会时期部落、氏族的斗争、兼并，到封建王朝的朝代的更替、皇帝的产生与消失、国土的分裂又统一，再到资本主义发展起来后的第一次世界大战、第二次世界大战，甚至是今天仍然弥漫在犹太民族头顶的战火。有哪一次对立的双方是平白无故就打起来的？总有些胸怀着野心、追求着利益的人，为了达到自己心中的目标而不惜将和平破坏。战争的确是给胜利者带来了光荣与财富，但是对于失败的那一方来说，就是金钱、地位、权利甚至生命的损失。可是谁让局面就是“狼多肉少”呢？现实就是使得他们不得不变成了独木桥上相向而行的对手。所以，在你的身边，那些但凡是和你一样被同一个客观条件所制约的人，他成为你的对手的可能性为99.9%。

当然了，也有句话叫做红颜祸水，因为爱情而诞生的经典故事着实占据了历史的一方天地。“冲冠一怒为红颜”看起来是多么令人心驰神往的男子气概，其实这冲动经过思量之后完全暴露的是行为人的不成熟与不稳重，冲冠一怒看似潇洒实则稚拙。然而因为红颜而可能造成的对立也是不容你忽视的潜在威胁，你或许还在疑惑，自己分明与他无冤无仇，为什么这个人总是对你投来不善的眼神的时候，也许答案就在你的另一半身上。不要觉得这种想法可笑，等到它真的降临到你的头上之时你再恍然大悟可就什么都来不及了。

第二类能够使人和人之间的关系变为对手的因素便是个人情感。这一类看起来好像并没什么具体的内在含义引人深思，但事实上它却往往是先引发竞争，然后又使竞争变成意外的悲剧的原因。

当你和另一个人既没有共同的目标要竞争，也没有相抵触的利益时，他却仍然是对你横眉冷眼指指点点的话，那么可能性只有一个，那就是他实在是对你没有任何好感，他的内心在看到你时甚至还不自主产生了嫉妒、厌恶、憎恨、鄙夷等等各种情绪。办公室里的小方每天叽叽喳喳废话连篇，做起事情来总是计较着自己比别人多干了多少活，聚会从不掏腰包，背地里还爱讲点别人的是非，你早就对他忍无可忍了，若是现在让你去和他做朋友的话，就算你是奥斯卡影帝，总有一天你也会因为演不下去而缴械投降的。

两个人之间产生这种敌对情绪的原因也有很多，从好的方面来说，如果你确实是才华出众、能力突出，那么你自然而然就会惹人红眼，这种嫉妒的心理是不会让你们的关系进化成为朋友的，除非有一天他良心发现决定变嫉妒为崇拜或羡慕；而从不好的方面来说，如果你自身存在着一些惹人不满的缺点与毛病，那么别人对你投来厌恶的目光也是不可避免的了。如果你曾经在私下里跟别的同事谣传过些关于他的八卦，或者你做人小气、心胸狭窄，再恶劣一点的话你曾经在背后说过他的坏话、在上司面前打过他的小报告的话，他再不把你当成对立方就天理不容了。同理也可得，如果你的身边有个这样的人，那么他的世界里恐怕朋友两个字就跟浮云没什么差别，对于他来说，人生的大部分时间都在与对手相处了。带着这样的眼光去看到的世界，除了黑与灰，应该也没什么其他的颜色，更没什么美丽可言了。

能够将这两类原因像公式一样带入你的人际交往圈，你就可以清晰地将那些可能成为你对手的人辨识出来了。这个人他最近在做的项目好像和我的一样，这个人听说最近也在准备竞聘新职位，这个人最近好像开了个时装店，卖的衣服的目标人群和自己家的店相差无几……也许现在你们还在同一张桌子上品茶聊天，但是不久的将来，你就会发现他的眼神中透露出了更深的含义了。当然了，你的身边还有一些性格方面不怎么令人喜欢、个人素质有待提高的挑衅者，你可以将他们定义为类似于对手的其他类“不健康”关系，对于这种人提防大于研究，总之，他们给你准备的麻烦也不在少数。

有这么多潜在的对手，那么你会把谁真的当成对手来对待呢？中国共产党在发展阶段，被国民党的一项叫做“攘外必先安内”的政策束缚了脚步，在这种情况下，只有解决当前的矛盾，才能向更远大的目标发起冲击。因而，同样都是在选择对手，国民党因为代表剥削阶级利益选择了打压共产党，在这种情况下共产党则是突围性质的决定：先全力战胜国民党，后解放中国。不同的态度、不同的选择，最终也导致了不同的结果。成败自在人为，功过留与他人评说。人生在世几十载，谁会碰不上几个心肠不善的人，怎么样去对待他才是你最应该把握的。

能够找得出那些可能让别人成为你的对手的原因，反过来想一想，你就可以得出你会成为别人对手的原因，自然而然的，也就能够让你在与人交往、为人处世之时更多了一分思考。当你面对着这些曾经在你的头脑中已经有过备案的面孔时，那些可能会被曾经大意与马虎的你当作是提醒与关心的语言，此刻竟然这么明显地向试探和打听的语气靠拢了，这就是提前预习的意义所在。

都说好将军不打无准备之仗，做人也是如此，善良体贴的品质固然是重要的存在，但是假如对方从一开始就并未打算与你变成朋友这一可以相互信任的关系，那么你的善良和体贴也可以暂时退场休息一下了。能够清楚的找到你与别人可能形成对手关系的原因，也就能够帮助你区分谁是在真正地为你着想，谁是在一步步地给你设下埋伏与圈套。

与其说问问自己“是什么让你我势不两立”，其实还有深一层含义便是在问自己“是什么可能让你我势不两立”。那些明朗的竞争已经可以让你找准你们的关系定位，从而明确目标制定计划只等向结果进发。不明朗的争斗则要消除其周围环绕的迷雾，要能够意识得到可能产生的竞争，清醒的头脑与清晰的认识会使你准确地迎接对方的每一次或虚或实的出击。

4.

对手的目标正是你的奋斗方向

在漫长而又寒冷的冬天过后，春姑娘终于吹着舒缓而又温暖的风，让园子里的树木纷纷都冒出了嫩绿的芽。黄鹂鸟在葡萄藤上轻快地唱着歌，一只狐狸四处张望着无所事事地在院子里晃悠。这个时候，狐狸发现有一只蜗牛正在一棵葡萄藤树干上慢慢地、费劲地向上爬着。狐狸抬起头看了看葡萄藤上稀疏的枝叶，不禁的就嘲讽道：“小蜗牛啊，这葡萄藤上空空落落的，你是何苦要这么为难自己非爬到上面去不可?！真是尽做些白费功夫的事啊!”然而蜗牛并没有停下自己的动作，一边爬一边说道：“时间还早着呢，我都不着急，你又在这里急什么。”

狐狸不屑地没有继续与它聊下去，继续去别的地方打转转去了。一转眼，春天也成了过去式了，原本空荡荡的葡萄藤枝此刻绿叶繁密，一颗颗亮晶晶的葡萄让藤下的狐狸口水直流，可是这可望而不可即的高度让狐狸只能灰溜溜地走掉。正当他转身打算离开时，竟然看到了一个熟悉的影子在一串晶莹的葡萄上，正是那只蜗牛！蜗牛享用着美味，悠闲地看着狐狸，说道："现在你明白了么？"

如果故事中的狐狸能够和蜗牛一样，早日找到方向，提前开始努力的话，那么对于他来说，葡萄也不会只是一个挂在天上的看得见摸不着的梦想了。这个小小的故事，正是在告诉你，对手的目标正是你的奋斗方向。

对于一个企业来说，创新是取得辉煌成就最核心的要求。别人早已走过了一千遍的路，谁也不会在乎你有没有在这条路上走出个花来、或者走得多直走得多快。而如果还是同样的路程，你开辟了一条新的道路，只花了一半的时间就到了目的地的话，你就能看到成功已经在向你招手了。当一个企业只把做好自己当前所做的东西就当作完成了任务的时候，它最后的结局注定了只能是被市场淘汰、被消费者抛弃。

想要看得更远想得更深，如果你还没有思路、觉得迷茫的话，就看看你的对手吧，也许他会给你帮助。去看看他正在为了什么而茶不思饭不想地努力着，去看看他正在把什么当作目标勇往直前着，你是不是有了一种醍醐灌顶、恍然大悟的感觉？

在A大的校园里，有两个人总会在其中一个人的名字出现时另一个人的名字也自然而然地被提起，之所以会这样就是因为他们不仅仅在学习成绩上不相上下，轮流做年级里的第一名第二名，还有就是两个人总是一起参加比赛，演讲比赛也好、英语比赛也罢，只要他们出现了，那一等奖二等奖的人选也基本定下了。然而这样的局面在大三的那一年终止了，这两个人中，甲还在不知疲倦地争夺着荣誉时，乙却突然转向了社会上的工作。少了对手的甲自然是更加风光无限了，成为了校园里冠军的别称，乙也因为淡出竞争而渐渐被校园的舆论所忘记了。终于到了大四了，所有的人都被工作的归宿而焦虑时，乙再一次成为了话题榜的首位。此时的甲和大多数的平凡学生一样，正在奔波于各个人才市场一次次地投递着简历，而乙早已在最后一年的实习中获得了同届的学生所不具有的工作经验，最终因为自已积累的优秀的成绩和足够的工作经验而被一家世界五百强的公司签了去，直接得到了应届大学生梦寐以求的职位。

事情的最后就是，甲站在由一叠叠的荣誉证书铺成的阶梯上被一扇名叫没有工作经验的门打成了毕业就等于失业统计的数据之一，而乙则拿着虽然数量不丰富却已经够让面试官满意的成绩，拿着他放弃与甲竞争的那一年换来的工作经验与实习鉴定打造的钥匙打开了职场的大门。

甲和乙的故事还在被这所学校的人津津乐道着，甲是那个学弟学妹心中的失败的冠军专业户，乙是成熟睿智的学习榜样。如果甲在乙退出竞争时能够看到乙的目标是什么，那么优秀的他一定也不会沦落到如此地步了。

你的对手是和你处于对立位置的人，但是对立的含义不包括全盘否定。你们只是因为不能共享目标而不能站在同一战线，但是这不意味着他所做的事情就是错误的。他所要追求的东西，也是值得你去关注的东西。在你和他竞争的同时，不要忘记再深度地去分析一遍你的对手，这或许会让你发现那些你曾经忽略的东西。

你一直以为他和你一样，都在为了得到最大量的订单而奔波于各个饭局，与各阶层各领域的人士打着交道，于是你更加卖力于每一次与客户的见面，发挥你最大的本领来让订单的数字更大、更大、更大。你还暗暗地打听着对手的情况，当你得知他的数量远不如你时，那种成功的喜悦简直要将你湮没了。月末的评比终于在你日思夜想的期待中到来了，你果然成了部门里的订单王，每个月五千元的工资后面又加了两千元的奖金。正当你打算换上慰问的表情去看看那个把你推到今天这个位置的对手时，同事告诉你说："他啊？他跳槽了你不知道啊？现在人家可是月薪两万元的成功人士了！咱们比不了啊。"于是乎，你终于在这一刻得知了他的全部故事，他的饭局原来不是为了订单，而是为了展现自我的价值，他的目标原来并非是那一个月两千元的奖金，而是一个更有作为的公司和一份更能体现自己的工作。那两千元的奖金现在拿着可真是烫手。

正当你忙着和你的对手竞争时，不要只顾着眼前那个唯一的目标，就把你全部的精力都投入了进去，怀揣着不撞南墙不回头的执著一条路走到黑了。如果这样的话，也许当你走到路的终点时，你的对手早已开着飞机在你的上空盘旋了。你自以为的目标也许并不是他看在眼里有价值的东西。所以，你的对手其实是你的一盏指路灯，他不仅仅是你实现目标的道路上的一道坎，还有可能是指引你走向另一个更有价值的成功方向的提示音。

能够看得到对手已经为你的胜利打开了一扇窗，应该用什么样的态度和方法来对待你的对手就是你接下来要学习的事情。他不仅仅是你要全力以赴去争取击败的人，还是你迷茫不解、犹疑困顿时的良师益友。你所做的不仅仅是要超越他，而是在吸收了他的长处的基础上超越自己。把气度再放大一些，与其竞争的时候，看一看对方的目标究竟是否与你一致，当你发现了这其中的差异之时，相信你会有更多的领悟。

看清楚对方的目标到底是什么，首先要对其目标进行价值估量，与你的目标相比谁更有可取之处、更值得拼搏。其次，改善自己的计划，取其精华去其糟粕，吸收对方目标的意义和价值，将其变为自己的奋斗方向并为之继续努力。最后，进行自我反省，为何会在一开始时执迷于一个低端的方向，为何自己没能想到对手想到的方法，为何对手可以领先于自己的思想，找到这其中的原因所在，并针对其提出解决方案进一步落实。偷偷学习别人的长处，对于你来说利永远大于弊。

所以，瞄准对手的目标，再装备上你的头脑，奋斗吧！

5.
对手已掌握了你的百分之几

《孙子兵法·谋攻篇》里提出了这样一个观点：在军事战争之中，如果你能够做到既了解敌人的情况，又熟悉自身的情况，那么无论你参加多少次战争，都不会是失败的那一方；但是，如果你对敌人一无所知而只能把目光局限到了自身的情况的话，你所面临的胜败的可能性只能各占一半；当你既不了解敌人，也不了解自己的时候，你放心，失败的旗帜早就已经稳稳地扎根在了你的地盘上。

无论是在军事的战争之中，还是在现代生活里关乎个人、集体甚至国家利益的竞争之中，知己知彼都是在你通向胜利这条道路上所必须具备的技能之一。试问，你可知道有哪一个成功的人是单单凭借着运气和概率战胜对手的么？你若是能列出哪怕一个人的名字，这只能说明两件事：第一，你并不了解这个人；第二，你还在义无反顾地做着白日梦。

在当前日新月异的条件之下，无论是手机、互联网，还是各种不停更新换代的电子产品，无疑都在向人们宣告着信息交流的日益普遍与重要。同时，信息的重要性也暗示着竞争双方自身掌握的情报多少的差异正在对胜利天平的倾向产生越来越明显的影响，而“知己知彼”这一被兵家津津乐道的词语，也随着时代的发展而开始拥有了更深远、更具攻击性与实践性的意义。

传统的兵书一直在传递给人们的理念是，在与对手竞争的时候，一定要做到敌我皆知，也就是说，既要能够准确认清自身的优劣缺满，还要做到能够通过情报的收集与经验的积累在脑中刻画出对手的具体形象。不可否认的是这在实际生活中当然是非常有意义的，古往今来战争的胜利都无不印证着这一道理。然而，不要忘了，辩证唯物主义告诉我们世界是始终处于发展变化的形态之中的，因此若是固守一个指导原则而不使其内涵随着客观条件的变化而发展的话，则必然会被历史的年轮所淘汰。在“知己知彼”中，这个被时间赋予的内涵，概括的来说就是，我们不仅要做到“知己知彼”，还要能够“知彼知几分己”，也即是我们现在所要努力掌握的情报不仅仅只是对手的信息，还有对手的手中所已经拥有的那些关于自己的情况。不要觉得这非常难懂，其实只要你站在对手的角度来看一看这句话就非常的容易理解了。

众所周知，在中国这个人口高度密集的国家，任何一项考试只要有成绩，就一定会有着不计其数的参与者，考生之间的竞争力度也在与日俱增。伴随着考试难度的提高、考生数量的增加，大量的应试教育培训机构也应运而生，并且在最近几年呈现出了蓬勃发展的态势。各个培训中心都会投入大量的专门人员在不断对往年题目进行大量的分析、理解和总结的基础上，提出具有针对性的、有实际操作性的解题方法和应试技巧，于是乎各种考试的辅导班都在考试之前成了考试的必然选择。

但是考试的命题机构难道就会放任这种现象愈演愈烈坐视不管么？对于他们来说，这可是对自己的权威与思维结晶明目张胆的挑衅，于是乎现在又出现了这样一个名词叫做“反培训”。任何一个培训辅导班是谁都可以报名的，但是考试题目的命题人却是每个培训机构都无法接触的。所以，对于命题人来说，是处于“敌明我暗”的优势地位的。一个应试培训班的几百人当中，你是无法确定每一个专注听课的目光背后的目的的，有人确实是为了在专心听讲以期获得高分的技巧，而有人则是为了知晓这种技巧后针对它再进行“反技巧”的命题。

在这个过程中，命题机构就是将“知己知彼”这一计谋进行放大化地运用了：我不仅要知道我的命题目标、你的解题方法，我还要知道你对我的命题规律有了什么样的总结、你对我的命题方向进行了什么预测。这样一来，无论培训机构做多少努力在解题、分析、总结上，它始终都处于一个被动的、滞后的、不能隐藏的位置。固然它所教授的东西在某些方面上对于考生会起到一定程度的作用，但是每年考试通过率数据的平稳现象也正是在暗示着培训机构不能回避的问题。

当你要制定一份策划，并与其他三个人的策划面临四选一的竞争时，如何能够让你的策划尽善尽美必然是你考虑最多的问题，如何让这份策划在成本与利益上得到最具有优势的平衡、从而满足目标对象的要求则是你需要努力的方向。在这一过程中，你需要收集的信息不仅仅包括策划所涉及的具体项目的相关内容，还有一切与你的对手有关的东西，这一“收集”就已经包含了两个层次的水平。

如果你想要拥有较大的可能性取得策划的通过，那么你必须要做到的就是对对手的掌握，例如根据其个人拥有的条件与能力，在这份策划中，他有可能会在哪一个环节降低成本、在哪一个环节提高竞争力。在这个时候，你所拥有的是对方自身的信息，情报的主体是你的竞争对手，对于他的了解，会让你在进行制定时有所警醒、做好有预防性的准备工作，但是这仅仅是第一个层次。

第二个层次便是，你是否问过自己这样一个问题：对手对我的了解有多少？他知不知道我在哪一方面有计划进行降低成本，他知不知道我在哪一个环节打算提高策划案的竞争力？要知道，知己知彼这句话早已街头巷尾耳熟能详了，那么如何在知己知彼中更加占据优势拔得头筹就是对你进行自我提高的要求了。同样都是在做一份策划案，当你能够掌握对手的信息时，你或许能够运用你的情报使你的方案比其他人具有一些优势；但是，如果你还能有预见性的看到对手针对你而进行的冲击时，我相信你一定不会坐视不管的。

从一个小小的策划案扩大到你在学习、工作、生活中可能面临的任何一个竞争，或许以往的经历都在教导你要做到“知己知彼”，一定要在了解自己的同时了解对手，但是从现在开始，在你的脑中刻印一个新的词语叫做“反彼知己”。当你在与对手的竞争当中，单单只是了解对手已经不能再确保你胜利可能性所占的百分比了，因为你无法控制对手对你信息的获取的力度与数量。但是如果你能够在这一基础上，进行超越对手更深的思考，将脚步迈在对手的前面，那么对手对于你而言则就像跳入了一个你所设置的陷阱之中了。

在每一次面对对手的时候，时刻记得问自己一个问题：“他已经掌握了百分之几?”相信这个问题会指引你看到更多你以前所看不到的答案。人无远虑，必有近忧，想对手之所想，再面对他进行一番换位思考，你便会给自己提供一个更清晰的头脑。

6.

也许，你会从这里对我发起挑战

洛克菲勒在留给儿子的信中曾经写道：“那些伟大的军事将领大多有一个习惯，他们总是尽力了解对手的性格和习惯，以此来判断对手可能做出的选择和行动方向。”

在战场上，能够预测对手是你取得胜利的灵丹妙药，它可以让你如同魔术师一般，既指挥出了对手的下一步动作，也让自己能完美地实施战胜他的计划。但是，对对手的预测虽然效果显著，却在竞争当中对各方来说都是最难以完成的挑战。绝大多数情况下，预测的准确与否将直接影响到最终输赢的归属。

对对手的正确认识与判断，会让你扮演起一个预言家的角色，将你的对手一步步引入你布下的棋局之中，那么你要达成的目标对你而言就只是时间早晚的问题了。说起这方面的人物，诸葛亮和他的空城计就是最完美的例子。正是他对司马懿的准确的判断，让他能够在兵临城下的时候大敞城门，不费一兵一将化危机为转机。然而，一旦你对对手的预测出现了一丁点的偏差或是失误，那么你的棋盘就立刻化身成了一个笑话。

想要做出正确的预测，对对手的了解与熟悉是至关重要的前提。

朱元璋之所以能够战胜陈友谅，就在于他对陈友谅的性格了如指掌，陈友谅的骄傲自大、好惹是生非，让朱元璋在一次次对抗中能够准确地预测出他谅接下来的举动，再进行有针对性的对策，从而积少成多，将陈友谅击得一败涂地。大片江山始终也没有姓过陈，这就是朱元璋的大将之才！

所谓的“不打无准备之仗”，不仅仅是指在部队的数量大小、装备的高级与否、粮食的储备、人员的配备等等这些看得见摸得着的方面进行准备，还应当包括你对于对手的了解、对他的性格、优势、弱点等等的分析与掌握。这些情报的获得会让你发现对手在你眼里就好像没有穿衣服在奔跑一般，他的一举一动都是那么清晰明了。

世界上的人口有六十亿之多，在同一件事情时采用的思考方法也就有六十亿种，不同的人在同一个问题上所持的态度、一举一动的出发点都各不一样，因而不能对他们一概而论。但是这不一样的态度和出发点却都来自于一个源头——那就是他的性格。所谓追本溯源，就是要求我们在解决问题的时候找到矛盾的根本所在，从源头上抓住解决方法。对于你的对手也是这样，要想能够正确地预料到他的下一步动作，那么对他的性格以及做事习惯的了解就正是你要掌握的信息之一。

如果他生性贪图小便宜，那你就可以从蝇头小利出发，用细微的利益牵制他大部分的注意力、从而消耗他的时间和精力，在正面战场上放置你全部的智慧，与他早已被分散的焦点来抗衡；如果他做起事情来畏首畏尾、怕这怕那，那就加大你的砝码来逼迫他，使他产生难以克服的恐惧感与挥之不去的束缚感，用心理攻势去突破他的壁垒；如果他老奸巨猾、心思细腻，那你就一定要坐到毫不松懈，利用好你的一分一秒，即使不能对他进行进攻，至少也要守得住自己的城墙，不留给对手任何可以抓住的疏漏。

你的对手究竟是个什么样的人？想要能够正确地得到这个答案，就要看你平时的观察是否细致与你的情报是否丰富可靠了。那个人以往做事都有哪些习惯、他对待同事、家人、朋友都是什么态度、他处理问题的思路、他在交际圈中别人对他的评价等等这些都是你对他进行初步估计的凭证；同时，再加上你与他的相处之中的积累，他说话时的语气、眼神、甚至还有他不经意间做出的小动作和下意识泄露的内心的感慨，这些都是你对他评价与判断的辅证。

有一个犯人因为特殊罪名被单独监禁，出于避免他自残的考虑，监狱将他的鞋带和腰带也被没收了。有一天，这个人用他的左手提着裤子，在单人牢房里无精打采地走来走去，不知道怎样才能打发这漫长而又无聊的时间——他之所以要提着裤子不仅仅是因为他没有腰带，还因为他自从住进监狱之后因为拒绝吃从铁门下面递进的残羹剩饭而减少了30磅的体重，裤子也变得大了这么多。此刻他踱着步子，当他摸了摸自己突起的肋骨正当烦闷的时候，突然嗅到了一阵“万宝路”的味道，要知道这可是他当年最喜欢的香烟。

透过监禁门上的缝隙，他看到走廊里有一个孤独的卫兵深深地吸了一口烟，然后缓缓地吐了出来。这个囚犯简直要为之疯狂了。但是他只是非常有礼貌地曲起右手的手指，用关节客气地敲了敲门。卫兵慢慢地走过来，傲慢地哼道："什么事儿啊?"

囚犯回答道："对不起，请你给我一支烟好么……就是你抽的那一种：万宝路。"

卫兵错误地以为囚犯是没有任何权力的，所以，他嘲弄地从鼻子里发出了"哼"的一声就转身走开了。囚犯却决定为自己还仅剩的权力争取一把，于是他再次用右手的手指敲了敲门。这一次，他的态度是威严的。

那个卫兵吐出一口烟雾，恼怒地扭过头问道："你又想要什么?"囚犯回答道："对不起，请你在30秒之内把你的烟给我一支。否则，我就用头撞这钢铁一样的墙壁，直到把自己弄得血肉模糊、失去知觉为止。如果有关当局把我从地板上救起，我醒来之后便会一口咬定是你威胁我的。当然，他们是绝对不会相信我的，但是，想一想你必须出席一次听证会，你必须向每一个听证委员证明你自己是无辜的；想一想你必须填写一式三份的报告解释全部的经过；想一想你将卷入的事件以及这些为你带来的麻烦吧——所有这些都只是因为你拒绝给我一支劣质的万宝路。"

卫兵会从小窗里塞给他一支烟么？当然给了。他替囚犯点上烟了么？当然点了。为什么呢？因为这个卫兵马上明白了事情的得失利弊。这个囚犯看穿了士兵的立场或者说是弱点，从而满足了自己的要求——一支香烟。

当然了，这样的预测是建立在了解或者说是熟悉对手的基础之上的，在与其竞争的过程中，若是想要仅凭一个预测就直接命中结局定下成败或许只会让你陷入偏执的境地，反而被对手所利用丧失了优势。

既然要一步登天难度巨大，那么我们自然可以来转换一个角度重新应对你的对手——放慢你的节奏，把你的长远计划划分成不同阶段的不同计划，步步为营，亦步亦趋。要预测对手的全盘行动着实困难，毕竟这其中也隐藏了太多变化的可能，但是假如你只把时间缩短，只揣测对手某一阶段的下一步动作，对于你将会是事半功倍。

假入你正在一场对战之中，不要只顾着研究作战方法、得失利弊，仔细地将你的对手上上下下地琢磨一遍，确定他的性格与习惯，想一想他可能会从哪里对你进行反击，想一想你的哪一个环节会成为他突破的关键，好好地问一问自己“他会从哪里对我发起挑战？”

正如前文所言，知己知彼百战百胜，一句话能够流传千古，个中奥妙还需要你在实践运用中进行深刻的领会！

第二章

为你的对手贴上标签

有句话叫做“明枪易躲暗箭难防”。对于一个武林高手来说，难以防备的不是直指要害的拳头，而是不知何时会出现的暗器。但是即便是暗器，也有高级低级之分。对于杀伤力高的暗器，高手要做的是全力防范，而对于毫无威胁的暗器，高手们只是一笑置之不予理会。你的对手正如不具确定性的暗器，警惕战斗力强的对手，忽略无意义的挑战。

1.

你没有对手？可怜的人

当你看到身边的朋友因为竞争而心神俱疲时，你有因为自己当前正生存得安逸简单而庆幸过吗？当你看到自己的伙伴被对手的挑战逼到悬崖边上而整日苦思冥想以期获得反转的机会时，你有因为自己成天可以悠闲自得无所事事而沾沾自喜过吗？当你看到自己周围朝夕相处的同事们都带着平和随意淡然相处的态度对待你的时候，你有对这种状况得意于自己的好人缘且自以为充满安全感吗？

如果上面的那些问题，你给出的答案是肯定的话，那么我不得不告诉你，在同事的眼中，你实在是一个不值得关注、不具有竞争价值的人。换句话说，在别人眼中，你就是没有才华、没有能力、不具有任何能够吸引起他们对你产生兴趣的因素的代名词。

现在让我们来假设这样一个场景，你所在的公司新招进了四个职员。第一名职员口若悬河，每日滔滔不绝满腹经纶，大道理张口即来，口才让人望而生畏，他最擅长的就是可以见人说人话见鬼说鬼话，而且句句直中要害；第二名职员在工作上始终勤勤恳恳，虽然平日里他不常与人交流，成天埋首工作之中不问公司是非不掺和人际纠纷，但是只要是交给他的工作，根本不需要担心会不会有问题，他的工作质量没有最好只有更好，凡事都超额超速超质量完成；第三名职员则是每天带着礼貌的笑容出现在众人面前，跟同事打起招呼时总是带着正常的客套，按时上班按时下班，按时完成工作按时结束工作，他并不关注提升职位争取奖金之类的东西，可以说是安于现状踏实稳妥；而第四名职员则是与众人嬉笑玩闹，将些不正经的玩笑话挂在嘴边，对待工作也就是拖拖拉拉，能应付则应付不能应付则勉强，做起事情来马马虎虎，将“差不多就行了”作为人生信条。

好了，就是这样四个人，那么你可以想一想这四位职员在一个月之后周围会形成怎样的人际圈子？

首先说好的方面。第一位职员会被大家当作百宝箱、智囊团，当工作中缺乏创意或者自己拿不定主意的时候，那么这个人一定会第一时间出现在同事的心里，总的来说，在大家的心里他的形象是向正面倾斜的。第二个人呢则会成为同事心中的隐形障碍，即使没有人会直白地指出对他嫉妒或羡慕，他工作出色自我标准高却是大家都看得到的，这个人自然会得到上司的欣赏，但是又因为他沉默寡言的性格，使得同事们无法对他真正树立起什么敌对意识，只会在心底对他立起一道围墙。第三个职员则会成为大家记忆环节当中最弱的一个，无论什么事，出去聚餐也好一伙人一起娱乐唱歌也好，他一定是最后一个被想起来的那一个，在大家的心里他带着些若有似无的“安全感”。现在来说最后一个人，他一定是四个人中最自我感觉良好的那一个，但也一定是最让同事们嗤之以鼻又对其存在感到庆幸的那一个。因为大家都已经形成了一种共识，就是这个人一定属于浑浑噩噩过完这一生的那一族群，不会对自己产生任何威胁，也不会给自己带来任何利益。

那么可想而知，假如此时公司中有了一个提拔的名额时，这四个人在整个办公室众人的心里分别被放置到了一个什么样的警戒线的位置也就一目了然了。然而这所谓的位置就好像天平的两端，这一端放置的砝码越多，也就证明了天平另一端这个人自身所具有的价值越大。无论对于哪个人来说，第一、二位职员一定是所有人警惕的对象，第三位或许还稍微带那么一点威胁，但是这第四位职员就成了众人无视的对象了。所以，现在看来，难道当这第四位职员因为没人对自己有敌意而高兴之时，我们还要告诉他说，你做得对，就这么坚持下去吧?!

能够被称为是出色的将领的人，他所拥有的除了独树一帜的智慧、无人可敌的头脑之外，还有一个必备的要素就是不计其数的竞争对手。俗话说不想当将军的士兵不是好士兵，没有竞争对手的将领也就称不得是好将领。

通俗点来解释的话可以这么说，假如你家种植了一大片果园，等到果子成熟的季节，如果你的果子被人惦记，说明你的劳动成果具有吸引人的价值，同时，那些被偷走的果子，也自然而然是比剩下的果子要优秀更多，让人垂涎更多。这也正是在证明着这样一个事实，凡是值得人放在脑中念在心里当成是对手，必定有其值得让人称赞的因素存在。

再让我们把目光投映到历史的年轮之中，古往今来，凡是留名在时间的记录之中的大人物，他们的丰功伟绩之下铺垫的不仅仅是个人才思的结晶，还有无数仇视与敌对的目光的聚焦。拿破仑的铁骑踏平欧洲之时，有多少对手在散发着狼一般幽绿的目光；希特勒扬言征服世界横行霸道之时，有多少对手在暗地里招兵买马渴望与之一较高下；秦始皇一统天下改写历史之时，多少个荆轲在日夜思虑绞尽脑汁想要将他手刃刀下！你可以说他们没有成功，但是，你却完全不能否认他们的才能！

所以，可怜的人啊，你还在自得其乐么？不要再因为你没有竞争对手而暗暗高兴了，也不要再因为你和所有人相处得和谐融洽而自以为是了，那只是在告诉你，在他们的心中，你一无是处没有任何能力，对他们没有任何威胁啊！

从现在起，刨除你那希冀安逸享受太平的思想吧，它除了将你一点点变得更软弱更无能以外，对你来说没有任何意义。看看你周围的世界，看看你的圈子中那些处于风口浪尖的“大人物”，好好地思索一下他们被人抬至那种海拔的长处在哪里，好好反省一下自己被众人无视被大家忽略的原因又是什么。不要再沉迷于自己建造的那个风平浪静的理想国，它只会让你更加不思进取；不要再相信什么“平平淡淡才是真”，这句话的适用范围并不包括你的工作、你的事业。

送给自己一份勇气，为自己想一想成功的定义都包括了哪些要素，给自己的人生与职场行为评一个分。找出一张纸，列出那些舆论漩涡中的人的优势在哪里，再勇敢地写出沦落平凡的你不足的地方到底有什么。仔仔细细地审视一番、对比一下，当你给自己做出一个全面的评价之后，你一定会看到一个崭新的自己在不远处向你露出充满信心的笑容！

就从这一刻开始，请立即抛弃你头脑中那些作祟的安逸因子，时刻不要忘记对自己说这一句话：“你没有对手吗？你真可怜！”

2.
双刃剑与三棱镜

如果现在你身处在金庸小说的江湖之中，在你面前摆放了一把异常锋利的剑，它可以轻而易举地将任意的东西斩断使你具有强大的战斗力，但是因为太过锋利所以没有剑鞘可以将它封存，携带着它很可能会让你受伤，甚至会危及你的生命，那么你会选择它么？任何一个武林高手都会给出肯定的答案，因为只要是剑就一定有危险只不过它的更大，但是这把剑却异常重要，它威猛有力，杀伤性强，能一招致人于死地。对手，便是我们人生中的一把双刃剑。

不可否认，你的对手也许是你的眼中钉肉中刺，他的存在会让你寝食难安；或者，你的对手太过强大，你始终生活在无法超越他的苦恼与压抑中。可你换个角度想一想，如果没有你的对手，你会发现自己的弱点吗？你会一直存有上进之心不断拼搏吗？你会实现你的理想吗？你会在这个弱肉强食的社会中立于不败之地吗？两利相权取其重，两害相权取其轻。对手对于你来说虽然是威胁的代名词，但是正是对手的存在，才使得你不断认识到自己的不足，让你时刻保持清醒的头脑，也正是对手的威胁，才让你能够品尝成功的喜悦，吸取失败的教训。

在《三国演义》中，周瑜与诸葛亮都是当世奇才，足智多谋，然而一句“既生瑜何生亮”就道出了他们最后的成败结局，这正是由于他们对对手所持的不同态度所造成的。为了抵抗曹操83万大军的南下，身为东吴都督的周瑜与西蜀丞相诸葛亮需要联手作战共抗敌军。然而在他们一次次关乎国家大计的商讨之中，周瑜见诸葛亮处处高自己一筹，便妒火中烧，屡次设计想要加害于他。结果他的计谋不仅被诸葛亮一一识破，反而成了诸葛亮的手下败将，一而再、再而三地受气直至吐血身亡。三国虽然各为对手，但是如何看待对手的身份转换直接导致了他们不同的结局。是诸葛亮处处从联合抗曹的大局出发，不计较个人的得失与荣辱，正确地看待自己与周瑜的关系，从而保证了吴蜀的军事联盟，打败了曹操的83万大军，为自己的事业奠定了兴旺发达的基础。

周瑜将对手视为前进路上的绊脚石，一门心思想除之而后快。对于他来说，世上有一个周瑜便足够，为何上天又造出一个诸葛亮来分夺本应只属于他的荣誉？其实这是一种畏惧心理，他害怕诸葛亮的强大对自己造成威胁从而丧失已有的地位；这也是一种自卑的表现，他怕诸葛亮的强大掩盖了自己的优点，因此只想杀了他以证明自己的才华才是天下第一。周瑜的绊脚石不是诸葛亮，而是他自己狭隘的心胸。反观诸葛亮，他始终肯定周瑜的才华和能力，也在心里暗暗与他较劲。只不过对于孔明来说，周瑜的存在只会让他发现自己的不足：感谢上天赐给我一个对手，我知道我掌握的知识还不够。在这种心理下，他不断地学习和钻研，见贤思齐，见不贤而内自省，于是变得越来越优秀，直至当时无人能出其右。

你也发出过“既生瑜何生亮”的感慨吧，可是你有没有真正想过这句话背后的含义呢？对手这把双刃剑，握在周瑜手里使得他最终结束了自己的生命，握在诸葛亮手里却成为他乘风破浪的长矛。不要再为没有对手感到沾沾自喜了，不要再对对手感到害怕了，不要再觉得对手是无法承担的压力了，拾起你的信心与斗志，将对手变成你攀登高峰的垫脚石。

但凡一个武林高手，势必有自己的独门武器，也必然曾在成功的道路上被他的武器所伤，然而要成就一番大事业，区区小伤何足挂齿？正是因为他们胸怀大志，在他们看来，为实现理想付出的那些小小的牺牲都是值得的。锋利的剑刃固然会给自己带来伤害，但是它也是唯一可以让自己生存下来，屹立江湖的工具。

你有抱负吗？你想实现抱负吗？如果答案是肯定的，那么你的武器是什么？我来告诉你，是对手。而你又是否有勇气拿起这件利器去为你的未来奋斗？可怕的不是双刃剑，不是对手，是你内心的胆怯和懦弱。你要敢于面对对手的挑战，同时还要能够看到对手给你带来的，不仅仅是困难，还有成长，只有充分地用好了这把双刃剑，你才能成就人生获得成功。

初中物理课的时候我们都用过三棱镜，一个长相怪异的三角形横截体竟然能折射出七种颜色的光芒，这看似简单的东西让牛顿发现了阳光的色彩秘密。透过不同人的心，可以看到他们心中给对手也涂上了不同的颜色，有人是敬畏的黑色，有人是轻蔑的黄色，有人是逃避的白色，也有人是激情的红色，再透过这些不同颜色的对手，他们就看到了不同的世界。

三棱镜让人们看到了更多的颜色，也让大自然给人们设了更多的想象空间。透过三棱镜，阳光是另一番模样，而透过对手，世界便是另一番模样。

对手之所以为对手，是因为你想要与之一较高下或者超越他，那么你在对手身上所消耗的时间与精力一定非常多，当你与之的竞争结束，甚至哪怕就只是进行了一段时间而已，你会发现掌握了比从前更多的能力，你比从前更有精神，你的眼界更加开阔。

小王与小张都是某大型公司的普通职员，两人于同时进入这家公司，至今工作了两年。小王充满自信、勤勤恳恳、认真负责，是个典型的好员工；小张开朗幽默、好学上进、斗志昂扬，同样满足好员工的标准。在小王眼里，小张是一个好同事，也是一个好搭档，与他一起工作事半功倍，小王觉得并不是小张比他优秀，只是因为“两个和尚抬水喝”而已。而在小张眼里，小王不仅是一个好同事好搭档，更是一个好对手。在小王身上，小张能看到很多他有而自己没有的优点，也能通过小王的反应发现和改正自己的不足。小张就这样在一次次的共事中不断学习和进步着，而小王仍旧原地踏步，他知道小张的优点，却也仅仅只是知道而已，没有竞争意识，没有对手概念。两年过去了，小张已不是当初的小张，他有着广阔的视野、丰富的知识、过人的能力、出众的才华，他顺利晋升为部门经理。小王依旧是当初的小王，依旧是一名普通职员。

在小王和小张的故事里不难发现，小王就是小张的三棱镜，是小王让小张看到了一个更全面的自己，也获得了许多不曾有过的能力，这些都使小张迅速成长。所以，不要对看似不起眼的人产生轻视，他们绝对有资格在某方面成为你的对手。

对手既会成为双刃剑，也能是一面三棱镜，关键是你怎么看待他们。正确并且理智对待你的对手们，你得到的远远比你失去的要多很多。难道你甘于平庸度过一生吗？还是你干脆已经做好了被社会淘汰的准备？权衡利与弊，不要永远活在自己的世界里，请大声说：“对手，来吧。”

3.
这些都是对手给你的恩惠

罗雪娟在雅典奥运会上获得女子 100 米蛙泳冠军之后说：“感谢所有憎恨我的人。”

这样一个真实而有个性的女孩，却遭来很多人的憎恨。不屈的性格让她成为有些人眼中的异类。在游泳队，她的洒脱和无所谓让她显得有些不合群，经常一个人进出训练馆，独来独往，好像被刻意地孤立了出来。然而中国的泳池平静太久了，没有石子激起突破的波澜，在最需要成绩的时候，罗雪娟坚定地扮演起弄潮儿这个角色，她成为中国游泳界的标杆，成为中国健儿最杰出的代表。

这于她便是最有力的话语，所有功过是非已不再重要。

不管这些人是为什么原因而憎恨她，但是不能否认的是，对于她来说他们都是对手，心理上和技术上的双重对手。是他们让她不轻言放弃，是他们让她在伤病的折磨下坚持到了最后，是他们让她得到梦寐以求的奥运金牌，也是中国游坛8年来第一枚奥运金牌。鼓励也好，讥讽也好，打压也好，是对手让她有了继续游下去的动力和必胜的决心，这就够了。她感谢她的对手，她将她从对手那里得到的东西都视为恩惠，她始终坚持相信，没有这些对手，就没有她今天的辉煌成就。

拼搏、自信、喜悦、满足，这是人们成功路上必经的几个阶段。你有没有想过，为什么你想获得成功？为什么你能获得成功？感谢你的对手吧，是他们激起了你竞争的欲望，是他们让你不安现状，是他们带你走上了赛场体味着碰撞的激情。赛跑的时候，我们都有这种感觉：一定要拼命向前跑。因为你的目标永远是想超过前面领先的人并且不被后面追赶的人超越。人生的历程也像一场马拉松赛跑，永远有人比你优秀，永远有人跑在你的前面，也永远有人在你的后面以你为目标铆足了劲想要打败你。不要用仇视的目光将他们看成阻滞你脚步的破坏者，反而你要感谢这些将你“前后夹击”的人。没有他们，你只会在人生路上慢速前进，或者停滞懈怠，甚至退回原点。

对手，他们给你的就是勇往直前的动力。不想被社会淘汰，那就回到充满对手的跑道，只有和他们一起冲向终点，你才有可能看见那条象征着成功的红色终点线，你的目标只有一个：用最快的速度冲破它。

打游戏的时候，那一关关的障碍也是你的对手，每当通过一关，你的内心是不是充满了成就感？若是始终无法通关，心里便会憋足劲暗暗咬牙，誓不通关不罢休。可是遇到学习、工作、生活中的对手时，为什么你就经常想放弃想退缩？这是因为人和机器不一样，你在进步的同时你的对手也在进步，你直觉这样永远也无法战胜他们，于是你就丧失信心开始泄气，渐渐放慢自己的脚步，任由你的对手将你越甩越远。其实这个时候你最应该做的，是要感谢你的对手，他的不断进步正是你源源不竭的动力之泉。只有不断地追赶和被追赶，你才能在前进中保持昂扬的精神状态，才会使你的人生紧紧跟随时代的步伐，才能在到达终点之时不留任何遗憾。所以，告诉自己不要气馁，这些恰恰都是对手给你的恩惠。

在如今竞争激烈的社会中，一批又一批发展全面、素质强劲的人涌现出来在同一个赛场和你竞争。所谓“狭路相逢勇者胜”，正是由于对手的存在，才使你认识到自己的不足，才使你认识到要发展自我，才使你认识到整个世界无时无刻都在进步，都在前行。对手就犹如一面铜镜，能照出你自己的特征，也能激励你去不断学习，不断发展。

学习中往往能感受到这样的情景。每当因为一次考试失败而心灰意冷时，会发现自卑这个可恶的魔鬼正向你张牙舞爪耀武扬威；而每当你因为一次成功而沾沾自喜时，会发现乐极生悲也悄悄地来到了你的身边；每当……。其实有太多太多的对手时时刻刻都伴随在我们左右，不仅仅是人，还有心情、思想、状态……。你所应该做的，不是埋怨更不是逃避，而是充满自信，敞开宽广的胸襟友好地说一声：对手，谢谢你！如果你对对手心怀怨恨，你的心胸会变得越来越狭窄，直至不能容下任何事物，长此以往生命就会慢慢枯萎；如果你对对手退缩，你也就失去了一次次尝试的机会，永远也不会缔造壮丽的人生。只有用坦然的微笑和坚定的眼神面对生命中的一切对手，生命才会越来越有意义。

当代的一些棋林高手，如马晓春、常昊、徐奉洙等，他们都曾经在他人的阴影之下被笼罩了许久，不断地失败，不断地被击倒，内心是刻骨铭心的痛苦，愤怒不屈里也隐藏着一丝丝恐惧。但是他们知道不能以一时成败论英雄，所以他们依然顽强地等待着下一次，满怀信心与希望。一代围棋皇帝曹薰铉在离开当时的围棋王国日本回到韩国后，将本土“野豹”徐奉洙一次次击倒在自己的铁拳之下，成就了一番霸业。可以说，后来“曹燕子”的成功离不开当年徐奉洙的“陪练”；同样，“野豹”也在“燕子”的击打下成为后来四大天王之一。从此种意义上来说，难道他们不该互相感谢吗？尽管惺惺相惜的一握中，身上还残留着厮杀的痕迹，可是成功的光辉便是对方给予自己的恩赐。

英雄就是这样炼成的，是对手的高超技艺督促着他们不断地完善自身而达到炉火纯青的境界，是对手的全力抗争成就了高手如云的环境里不可争锋的高度。如果对手最终离你远去，如果这个世界你是独一无二，你能忍受高处不胜寒的孤寂和落寞吗？呐喊过后的寂静是会令人绝望的，与其做独孤求败的隐者，不如做笑傲江湖的剑客。在众多对手的围追堵截中不断地追求更高层次的胜利，这才是真正的英雄本色。

当年的聂马争雄，小林光一和赵治勋的同门相争，也都互相成就了彼此，他们是棋坛上真正的王者，相互促进，缺一不可。看看他们的经验，我们又怎么能不对对手报以敬意和感恩之心呢？然而报上却常常有这样的消息，两大高手在决战前夕，主办者尽量不安排双方见面，以避免不应有的尴尬。对手是可敬的也是可怖的，旁人是无法体会他们复杂的心境的，就像前不久常昊和李昌镐在中韩擂台争霸时某网上的一则新闻标题：

做兄弟不如做掉兄弟！若是常李二人看到，真不知内心该做何感想。能够将对手视作敌人人人都能做到，然而能够带着善意与感谢的心去看待对手，就是对你素养与智慧的考验了。

对手是敌人更是朋友，我们应该将对手的存在看作上天的恩惠，将对手的给予看作生命的恩惠，我们对对手应该永远心存感激，没有对手是悲哀的，有对手而心怀恶意却是狭隘可鄙的。真正的成功之士，永远都是对对手充满敬意。英雄可以不问出处，但绝不能忘记那些令你成为英雄的对手，时刻记得，没有他们就没有今天的你。

4.
对手的目标正是你的奋斗方向

人不能没有对手，但是不是所有人都能够成为你的对手？尽管可能成为你对手的人无处不在，但这并不代表所有来挑战的人都值得你将他定义成“对手”。没有对手的人生是苍白的，没有选对对手的人生是可悲的，只有选择适当的对手，将有价值的对手列为竞争对象，你的努力与拼搏才是有意义的，你才能获得真正的成功。

在一个森林里，有一个自不量力的鼹鼠很是羡慕森林之王老虎的威风与地位，于是它找到老虎并发出挑战，要同它决一雌雄。

它信誓旦旦地对老虎说：“如果我赢了你就把森林之王的位置让给我，如果我输了，我就从此离开这片森林再也不回来！”谁知道老虎根本就无视它，漠然地继续走自己的路。见到老虎这样看不起自己，鼹鼠愤愤地说："人人都说你是虎大王，我看你是徒有虚名，你连我的挑战都不敢答应，你还能做什么?!"

听了它的话，老虎终于看了它一眼，说道："如果我答应你，不管最终结果如何，你都是赢家。你知道为什么么？因为自此之后，森林里所有的动物都会耻笑我竟然会和一只鼹鼠打架。同你比武的麻烦在于，即使赢了你，也只是赢了一只鼹鼠而已，赢了鼹鼠的老虎就能算得上森林之王吗？所以，不是我不敢答应你，而是不屑于选择你这样的鼠辈作为对手!"

挑选对手就像挑选朋友一样，一位哲人说："好的对手和好的朋友一样可爱，坏的对手和坏的朋友一样可憎。"无论是选择朋友还是选择对手，都是对自身品质、见识和智慧的一种检验，它的重要关乎人的一生，选错了人，不仅仅浪费了有限的生命，还可能将你引向一条歧路。

《论语》中有段话就指出了什么是益友，什么是损友。所谓益友分为三种：直友、谅友与闻友，也即正直坦荡的朋友、宽容大度的朋友和见多识广的朋友。损友也分三种：便辟友、善柔友、便佞友，也即谄媚逢迎的朋友、表里不一的朋友和花言巧语的朋友。孔子告诉他的徒弟们，在结交朋友的时候要辨别好坏，好的朋友会让你不断进步，坏的朋友则会令你倒退堕落。同样的，对手也有损益高低之分，能否选择出正确的对手，也会对你产生不同的反作用。

我们在竞争中所遇到的对手有的是良师益友，有的则心怀叵测；有的是真诚以待的君子之交，有的则是猥琐卑劣的无耻小人。挑选好的对手，需要综合考虑此人的人品、学识、能力、涵养及气度。俗话说遇强则强，遇弱则弱。选择一个德才兼备、光明磊落、胸怀坦荡的人做对手，他可以在竞争中带动你的激情提升你的能力和素养，在竞争中获得快感；反之，同笑里藏刀、阴险狡诈、能力低下的人做对手，只会白白浪费了你的时间、精力和感情，最终一无所获，甚至有可能使自己能力退化或者变得低俗不堪。要知道，由俭入奢易，由奢入俭难，同样的，一个人想要学坏着实简单，但是想要再变好就非常困难了。坏思想总是比优秀品质腐蚀人的速度快。将对手按其特点分分类，过滤掉渣子，留下那些会让你进步的对手，这个过程看似无足轻重，但却会让你得到不一样的效果。

对手可以分为三类，第一类对手能给你带来莫大的帮助并能使你走向成功；第二类对手则对你构不成多大的影响，仅仅是有存在感；第三类对手则会让你近墨者黑，将你拖入后退的漩涡，让你不仅看不到成功的曙光，反而让你失去努力的方向。当你的对手被划分进这三个圆圈之后，我们应该选择哪类对手呢？毫无疑问是第一类。

但是很多人在真正做出选择时都会犯错误，这通常分两种情况。一种是他们已经对未来设定了目标制定了工作计划，也已有了切实可行的实施方案，却贪图轻松地选择了那些各方面都与自己相差甚远的人作为对手，就是不愿面对与自己“旗鼓相当”的人，从而使自己陷入了一种“老虎与鼹鼠一决雌雄”的尴尬境地。所以就算他们取得了一万次的胜利又能怎样？只会给世人留下耻笑的把柄。另一种则是好高骛远，将目标设定得不切实际，只管纸上谈兵不论实际操作，虽有雄鹰之志却只有燕雀之能，总是将望尘莫及的人当作对手，最终不仅成功遥不可及，只怕连坚持下去的信心都消失殆尽。

所以，我们固然要选择好的对手，但是前提是要能够从自身的实际情况出发，准确地定位自己，再根据客观条件，选择出既有竞争价值，又有竞争能力的对手。

我们来看两个例子。

法国有一位名叫安东尼的人，年轻的时候非常勤奋好学，他梦想着成为一个知名的作家。经过数年的努力，他在文坛创出一片小小天地，逐渐小有名气，每个人都认为不久的将来他一定能成为像雨果一样的伟大作家，然而，世事总会出人意料。安东尼的故乡小城里有一个名叫马克的人，是个文坛小丑，他为了赢得名利，不断在报刊上制造一些庸俗低劣的花边新闻，并经常写一些恶俗的文章攻击安东尼。如果安东尼置之不理，他的前途依旧美好，不幸的是，他被激怒了，他与马克较上了劲，将马克视为竞争对手，并毫无理智地与马克在小报上展开了长达数年的论战。结果，小丑马克名利双收，而天才安东尼不仅再没有出色的作品问世，而且成了世人耻笑的对象，最后一蹶不振，郁郁而终。

德国的哲学家黑格尔和费尔巴哈都是哲学界闪亮的明珠。两人既是师生，也是对手。学生时代的费尔巴哈非常尊崇他的老师黑格尔的思辨哲学，一度为之倾倒。但是后来，费尔巴哈有了自己的哲学观点，开始批判黑格尔的唯心主义。当时的德国哲学界被唯心主义所统治，费尔巴哈面临的是挑战来自他的老师，也来自整个德国哲学界，可见这场论战是多么的艰苦。可他从不放弃，从不退缩，他始终坚持“吾爱吾师，但犹爱真理”的原则，终于让人们承认自己，在德国哲学界确立了自己唯物主义思想的权威。费尔巴哈不因为对手是自己的导师而畏首畏尾，也不因为与对手的观点背道而驰去恶意攻击，他只是在学以致用，学而生疑，学为创新，终成德国哲学界泰斗级的人物。

安东尼和费尔巴哈，你更愿意成为谁？不要把会拖你后腿的人当作对手，不要把阴险狡诈的小人当作对手，也不要把不思进取的人当作对手，他们只能称得上非朋友关系，配不得对手二字，不值得你浪费时间。如果你想成功，首先树立一个榜样，选择值得你与他竞争的人，他既是你努力的方向，也是你要战胜的对象。一个优秀的对手才能对你的人生起到积极的作用，千万不要面对挑战就盲目而上，忽视了选择的重要性，也不要单单追求高目标，最终蚍蜉撼树落人笑柄。

不是每一个对手都可以站在你的赛场里，做对选择，你将事半功倍。

5. 不正当的挑战不值得浪费你的善良

挑战无处不在，有些我们可以无视它们的存在，有些我们不得不面对。人各不同，挑战也千差万别。我们大致将其分为两类：正当挑战与不正当挑战。正当挑战即是在竞争中相互促进相互学习，以达到共赢的效果。而不正当挑战，就是损人利己，妄图利用卑鄙肮脏的手段达到自己的目的并将对方置于无力还击的境地。现实生活中存在着大量的不正当挑战，商家间的恶意竞争，官员间的勾心斗角，学术里的作弊抄袭……我们必须学会面对这些，只有做到兵来将挡水来土掩，才有可能到达成功之巅。面对不正当的挑战，我们应该怎么做？是一味逃避对其妥协，还是置之不理任其发展，抑或奋起反击维护自身利益？

我们时常会在新闻上看到一个又一个“问题产品”的出现，从三聚氰胺超标的奶粉到含有砒霜的矿泉水，还有不断召回的各品牌汽车……“问题产品”已渗透到各行各业。为什么有如此多的产品质量不过关？这其中必然存在着恶意竞争。在洗衣液市场中，深圳、北京等多个城市的卖场出现某洗衣液品牌的促销人员殴打同类产品促销人员的事件，不正当挑战竟然已发展到人身攻击的地步。开放度越高、竞争越充分的行业其恶意竞争的比率也更高，处于这些行业中的企业，必须随时做好面对“很黄很暴力”的恶意竞争的准备。

当敌人已经拿着刀枪冲到你家门口时，你是选择乖乖投降还是拿起武器将侵略者击败？当你的对手已经用人所不齿的手段对你的生存造成严重的威胁时，你能当一只小绵羊任其宰割吗？还是你想以真诚的心和宽容的怀抱感化他然后继续和平共处？不能，必须不能。你不可以懦弱，更不可以滥用善良。激烈的社会竞争中，你的善良会被别人当作得寸进尺的砝码，那是你辛辛苦苦建立的基业，你怎么舍得让它毁灭在你的“很傻很天真”之下？

不可否认，善良是一种美德，我们的本性中必须保有善良之心，但是并不是任何时候任何地方对任何人都要付出我们的善良。该面对时就勇敢面对，该反抗时就奋起反抗，该出手时就有力地一击。对待对手要以礼相待，当对手变成敌人，就决不能心慈手软。不要害怕和屈服不正当挑战，没有什么是不可战胜的，用你的正义之师去赢回属于你的胜利。当然，我们提倡用合法合理合情的方式捍卫自己的正当利益，如果以眼还眼以牙还牙，你一拳我一脚，那么双方都将遍体鳞伤。若连发展的元气都受损，又何谈宏图伟业？成功只会永远可望而不可即，因为到达彼岸的桥梁被你亲手毁掉。

在第二次世界大战时期，无论粮食还是兵源对任何一个国家来说都是非常严重的问题。凯瑟上尉在经历了一次艰难的战斗之后，成功地打退了敌军，并且缴获了大量的武器，俘虏了几百名士兵。对于当时的任何一支队伍来说，能够增加几百名士兵将会带来非常强的战斗力。因此凯瑟的上级对他下达了一个命令，要求不得伤害这些士兵的性命，将他们劝降归为自己使用。

这些被俘虏的士兵正是利用了这一条件，他们知道凯瑟不能杀了他们，于是一个一个都表现得非常顽固，坚决不听从凯瑟的劝降条件。他们表现出了宁死不屈的气节，还全体用绝食的方式来进行抵抗，这情况让凯瑟上尉伤透了脑筋，这些俘虏所表现出的有决心有预谋的绝食抵抗计划，无论凯瑟上尉怎么调查，都找不到到底谁是那个领导的人。

在某天早上，凯瑟上尉决定把所有的俘虏们都叫到广场上，准备对他们进行再一次的劝降，然而情况却愈演愈烈，台下的几百名俘虏无视他的存在，大声地叫嚷着、抗议着。凯瑟上尉在台上站了许久也没能成功地让自己的声音传递出去。这个时候，有人递来了一个话筒，并在凯瑟上尉的耳边悄悄说了几句话。

上尉听后，略微思索了片刻，随后清清嗓子，拿起话筒大声地说道："现在，我将对高声说话不服从命令的人处以死刑。"然而他的这句话引来的是台下俘虏们更为高亢的叫喊声。凯瑟上尉又气又恼，便指着台下声音最大的那两个人对身旁的士兵说到："把他们给我带上来"。这两个俘虏便被无情的士兵押上了台，同时，台下在短暂的安静之后又立刻恢复尖叫和吵嚷。凯瑟上尉命令士兵将枪指向这两个俘虏，他凝重的声音也从话筒中向外传播着："行刑！6、5、4、3、……"台下的俘虏更加激动了，人群中甚至还爆发出了骚乱，一阵又一阵的尖叫声在空气中交杂。

这些俘虏们越发的急躁了，他们都以为就要失去这两个伙伴了，然而正在这时，凯瑟上尉却突然对行刑的士兵喊道："停！"

台上台下所有的人都愣住了，事情的转折出乎他们的意料，他们无法理解为何刚刚还愤怒的凯瑟上尉突然会改变主意。只见凯瑟上尉走到了两个早已惊吓得面无人色的俘虏面前，指着他们对台下的人说道："你们听好了，我现在决定把这两个人的生死交到你们的手里。如果你们能够乖乖听从命令，不再喧哗吵闹，我就让他们活着，但是如果你们仍旧像刚刚那样，我现在就杀了他们！"

上尉的话结束了，台下一片鸦雀无声，始终也没有任何人发出反对抵抗的声音。就这样，凯瑟上尉终于成功地结束了这次对他们的劝降训示。接着，他也是采用同样的方法让俘虏们听从他的命令，最终成功地将他们编入了自己的军队之中。

原本通过绝食、抵抗来表现自己忠贞义胆的俘虏，本能凭借他们顽强的意志坚持到底，然而当看到自己的战友会因为这坚持而死掉时，他们毫无抵抗地就成了对手的手下败将。学者们在讲述这个故事时总结说："人有时候不是被对方的强大吓倒，而是被自己的柔软和仁慈击败。当心底那根善良的弦被随意地拨响时，你的行为举动与你想要坚持的结果可能会背道而驰，其结果往往是，你只能无奈地去接受现状，而眼睁睁地看着目标离自己越去越远，想挽回局面，却再也无能为力。"

这其实也是中国人常说的"人善被人欺，马善被人骑"的道理所在。善良是值得崇尚和尊重的情感，但善良不可盲目，面对不正当挑战时尤其不能盲目善良。这是我们的生活所具有的目标和方向性所决定的，如果连目标和方向都失去了，善良便也没有存在的价值了。所以，把你的善良之心保存起来吧，遇到真正需要你的善良的人，请不要吝啬你的善良；但如果你的善良会把你推入失败的深渊，那么将善良暂时抛开，否则你会成为那个被忘恩负义的蛇咬死的农夫。

6.
让你的对手决定你的高度

成功的前提之一，是确定一个优秀的对手。现在有一小部分大学生整天生活在一片茫然之中，没有理想、没有目标、没有激情、没有青春的活力。他们抱着一种得过且过的心态，平安毕业，找个差不多的工作，然后结婚生子，过完一生。孰不知，当今社会竞争的激烈程度已不可能容忍这种心态的存在，想要过上安稳幸福的生活，必须在学习期间就树立竞争意识，然后不断攀登，让自己不要被社会淘汰。究竟什么样才是理想的状态呢？又要怎样才能保持竞争意识，达到自己的目标呢？这取决于你的对手。让你的对手决定你的高度。

希腊的船业大亨欧纳西斯有这样一句名言："要想成功，你需要朋友；要想非常成功，你需要的是比你更强大的对手。"这正是因为对手决定了你的身价！

王某是某世界五百强的高层管理人员，说来也怪，公司里面有一个清洁工他怎么都看不顺眼。他总觉得那个清洁工对自己充满了敌视，当他经过的时候清洁工就在他面前拖地让他走路不顺，当他去饮水机前接水的时候清洁工就把抹布也放了过去。王某找不到明显的证据，想要训教那个清洁工两句也没有合理的借口，这无名火在他心底就这么一直压抑着。

终于有一天王某受不了了，随便挑了个毛病便对这清洁工一顿吼，一阵痛骂之后总算觉得心情舒畅了点。然而，这个刚刚还沉默不语，连头都不抬的清洁工在他结束训斥之后淡然的看着他说道："你天天和一个清洁工较劲值得吗？还以为你有多大的能力，原来不过如此。"这句话让王某无比难堪，身份给他带来的优越感此刻荡然无存。

选择了什么样的对手，就决定了你的高度到底如何。有了对手，才会有比较；有了对手，才会有斗志；有了对手，才能发现自己的潜力，对手的重要性不可忽视，但是不同的对手也会将你送至不同的高度。与高水平高智商的人竞争，你会发现一直在进步，一直在学习你未曾见识过的知识，而与低层次低质量的对手竞争，你则只会在毫无察觉的情况下一点点退步。

美洲虎作为世界濒临灭绝的珍稀动物，现在在全世界也不过只有十七只，因而受到人类的重视和保护。在秘鲁的一个公园里，就有一只因为珍稀而备受瞩目的美洲虎。为了能让它生活得更舒适，能够有与原始的野外生活相似的地面环境，甚至专门打造了一片森林来给它做"虎园"。更加让人瞠目结舌的是这虎园的装潢和建筑，且不说那个造型别致、豪华高级的虎房，单看看虎园里那些绵绵的水流，青翠的森林，还有那一大批经过了饲养之后任其捕杀的兔子、小鹿等等小动物们，相信无论是谁，看到一只美洲虎生存在这样的环境中都会发自肺腑的感叹一句：人间天堂啊。

按说，从动物到植物，对美洲虎都已经在尽力避免人工饲养，因为人人皆知圈养很有可能使其失去野兽天性。但是奇怪的是，这只美洲虎整天就只是呆在那个装了空调的虎房子里，没精打采的样子，吃饱了就睡睡饱了就吃，再者就是散漫地来回游荡一下。没有人见过它像一只真正的美洲虎那样一展威风，它也从未曾捕食过任何一只饲养员为它准备的小动物。人们原以为给它还原出森林的环境就能看到充满了王者风范的美洲虎了，却不料它还是陷入了低迷的境地。于是有人猜测说，或许是因为它太孤独了，若是再有一只母的美洲虎的话，或许情况会有所改变。但是事实上，当母的美洲老虎进入到虎园之后，这只美洲虎没有任何的变化。

最终，是一位动物行为学家为大家解开了谜团。为什么一切都还原成了自然环境的样子，美洲虎却一副懒洋洋的神态？答案就是：因为虎园中所放置的小动物都是食草动物。美洲虎作为森林之王，是长久以来的自然选择、优胜劣汰的结果，如果它生存的环境只有诸如兔子这一类的小生物的话，它是无法产生任何生存的兴趣的。因此他便向管理员建议道，最好可以放一些狼之类的动物进去，哪怕是只野狗也能起到一定作用。

管理员听了他的建议之后，从别的地方又引进了几只美洲虎放入虎园之中，果然，自从虎园中来了新的美洲虎，原先的那只美洲虎就再也待不住了，精气神瞬间就提起来了。人们开始看到它在丛林之中飞速地奔跑，在高处高亢地嘶吼咆哮，平时还经常带着警惕的目光在森林的边缘地带来回地巡视。美洲虎身上的那威武霸道的气息完全地散发了出来，它终于成了一只正常的美洲虎，充满了杀气和王者之风的美洲虎。

没有对手，美洲虎也成了病猫，而一旦出现对手，且还是美洲虎这样强劲的对手，原先的美洲虎就发挥出它原有的威力，称霸整座森林。可见，对手的存在可以让人充分发挥自己的才能，充分实现自身的价值。一个高度的创造必须要有相当高度的阶梯，而这个阶梯便来源于对手给你造成的压力和动力。

古往今来，凡是轰轰烈烈的事业，跌宕起伏的历史，都是强大的对手激烈碰撞的结果。刘邦、项羽争夺天下，金戈铁马，刀光剑影，杀得难解难分；王安石、司马光斗智斗勇，势同水火，一个要坚决改革，一个要拼命守旧，时而东风压倒西风，时而西风压倒东风，惊心动魄，大起大落。他们都在历史上留下了深厚的足迹。不妨试想，如果没有彼此的存在，没有那些载入史册的经典斗争，他们还能有令人无法企及的成就吗？是对手让他们施展了能力，是对手决定了他们的高度。

这样的对手，这样的竞争，无论过去多少年想起来都会让人肃然起敬。物竞天择，如果不是在同一个起跑线上，那么尽管你取得了胜利，也是没有多少意义的。好的朋友难找，而好的对手似乎更不容易找到。生活中，人们总是喜欢找比自己棋艺高的人下棋，而对比自己差上一大截的人不屑一顾，原因就是能真正打败你的人如果败在了你的手下，会让你产生某种成就感，否则的话，虽败犹荣，只有这样你的棋艺才会蒸蒸日上。尊重你的对手——如果有一个好的对手，你更要好好珍惜它，甚至热爱它——它会在你不经意之中给你某种难得的启迪 。而这种启迪可能会让你受益终生。

鲁迅是伟大的，他的那些对手也都是响当当的文坛巨匠、学术泰斗：胡适、林语堂、郭沫若、成仿吾、陈垣、梁实秋。为了与他们论是非、争黑白，稳固自己的观点，鲁迅不得不极尽才华，笔耕不辍，才有了那一篇篇闪烁着智慧光芒的文学巨著，才奠定了他在现代文学史上的崇高地位。

其实对手就是追赶的榜样，是竞争的对象，是可以激励自己的目标。每当看到他，你就能觉察出自己的差距；每当和他比较，你就无法懈怠；每当想起他，你就满腔不服输的志气。只要有对手时时鞭策和激励着我们，即便将来成不了伟人名流，也不会碌碌无为；即便没有丰功伟绩，也不会蹉跎人生。我们将在和对手的不断较量中，创造自己人生的高度。

第三章

目光坚定 直面对手

面对威胁，蜜蜂的做法是全力战斗，直到把对手逼走，哪怕要付出生命做代价；蟑螂的做法是躲避在角落，等到被发现后死于鞋底。不同的态度决定了你不同的行为，不同的行为造就了不同的人——成功或失败。像蜜蜂一样，举起武器，英雄一样去迎战吧！

1.
摘掉你的有色眼镜

“2010 年 11 月 12 日，G20 峰会在韩国首尔落幕，美国总统奥巴马在他离开韩国前召开的记者会上，一度因坚持维护韩国媒体的提问权利，与以记者身份提问的中国中央电视台主持人芮成钢发生了短暂激辩。”

可以说这是 2010 年的 G20 峰会结束后留给广大网友印象最深的一条新闻了，无论是在中国，还是美国，芮成钢与奥巴马对话的视频都引起了广泛的争论。当时的具体情况时这样的，韩国作为本次的东道主国，奥巴马在记者会上对韩国表示了重视，对美韩合作关系大谈特谈，他也希望把记者会的最后一次提问机会留给韩国记者。因此，当奥巴马看到一个举着手的亚洲面孔时便选择了他作为提问者，没有想到的是这是一位中国记者。

在芮成钢阐明了自己并非韩国记者后，奥巴马拒绝了由其提问，而芮成钢始终坚持自己是在“代表亚洲和韩国朋友”提出问题，最终争取到了本次 G20 峰会期间唯一一次由亚洲国家向美国总统提问的机会。

这件事情过后，有人认为芮成钢的表现是一个新闻工作者“拼抢新闻”的职业本能，并不支持他的做法。可以说，在这些人做出这样的评论之时，他们在心底对记者这个职业已经进行了定位：拼抢新闻。但是芮成钢这样的行为所带来的结果是，在此次峰会上他传递出了中国传媒的声音。

很多人在对人、事件、行为进行评价时，常常会不自觉地就带上“有色眼镜“，这样的眼镜不仅会使得自己的评价缺乏客观性，同时也会由于其局限性而导致更深层次的矛盾。正确的、客观的、全面的认识这个世界，才能帮助你树立正确的价值观、人生观，错误的、臆断的、狭隘的价值标准只能让你的行为有失偏颇。

虽然芮成钢的举动确实还有推敲的成分存在，但是他在随后的博文中进行了如下说明：“他临时决定增加一个问题，却又强调希望韩国媒体来问，结果等了一会儿全场竟然没有一个韩国记者举手，这对奥巴马来说是极少见的，颇有些尴尬。”……“为了圆场，同时也确实想抓住机会在会上发出新兴市场国家媒体的声音，坐在第一排的我把已放下的手又举了起来，并立刻提醒他我来自中国。他又等了一会儿还是没有一家韩国媒体举手，于是我们开始对话。之后，终于有一位自称在韩国工作的美国白人记者简短提了问，算是没有完全辜负奥巴马对韩国的好意。”

在面对你的对手时，戴着有色眼镜看他，会有一叶蔽目的误读，使你对他做出错误的判断和评价，只有摘掉你的有色眼镜，才能正确地认识你的对手，也才能帮助你最全面的分析你的对手，从而才能为你取得与对手的竞争的胜利。

前不久在中国小动物保护协会院外出现的多辆兰博基尼、法拉利、路虎越野等豪华车吸引了人们的注意，原来这是一群来自北京超跑俱乐部的车主们，而他们的目的是向那些被救助了的小动物们捐赠粮食。他们能够主动向被救助的小动物捐赠粮食，对小动物保护协会来说当然是帮了忙，他们确实做了善事，是非常值得人称赞的，但是报道后面的一些评论却非常引人深思。有人说，救助小动物固然能够体现爱心，但是在现在的状况下为何不将钱用来救助那些生活在困苦之中的贫民？也有人说，那些钱是搜刮的人民的血汗，他们挥霍在跑车和喂狗上难道就是中国的公益事业么？虽然这只是一些随着新闻的报道而出现的一些网络跟帖，但是字里行间体现的网友的想法确实代表了相当一部分人的想法。只要富人做了些善事，就一定会有人进行质疑。

保持怀疑的态度是非常有必要的，尤其是在当前这个集经济发展与文明滞后于一身的时代，但是对富人行善的质疑我们还应该进行更全面的分析。我们应该首先摘掉在看待富人时的有色眼镜，然后再辩证地看待他们的行为。

不能否认的是，开着兰博基尼、法拉利、路虎越野这样的好车去给小动物捐赠粮食是有些招摇，但是他们既然已经拥有了这样的车，你又为何要求他们要将这些车停在家中而乘坐公车或步行呢？倘若他们真这么做了，恐怕又会有人在得知了他们的财富之后质疑他们是因为对所拥有的财富感到心虚才这么做的。另一方面，中国改革开放了这么多年，许多人已经在市场经济中积累了财富，中国的有钱人简直数不胜数，对他们的收入的质疑在没有证据的情况下实在是站不住脚。

话又说回来，网友对他们的行为的质疑有多少的价值呢？那些有资本、有能力的有钱人在看到网上的这些评论的时候，试想一下，如果是你的话，即使你已经有计划要去行善了，这样的评论会对你的决定产生什么作用呢？是顶着被人骂被人责怪的压力按照计划行善而将自己放在公众面前等待批评呢，还是干脆就抱着多一事不如少一事的心态停止计划的实行呢？

在一些人的心里，有钱人就是压榨劳动力、贪污腐败的代表，无论他们做了什么事情都不值得肯定，这样的有色眼镜使得他们对“富人行善”都表现出了嘲弄和讽刺。虽然有钱人中确实存在着因为不磊落而聚集起的财富，但是并非所有人都是这样，而且就事论事地讲，他们的行为的确对接受帮助的一方起了积极的作用。

有色眼镜带来的害处显而易见，在面对你的对手时，有色眼镜只会使你变得心胸狭窄，让你的思维停留在僵硬又负面的位置，同时还会使你的行为不自觉地就走上了极端。本来他只是想要给你一点小小的意见，而你却因为对他的偏见而将他的行为理解成了对你的讽刺甚至是可能给你设下的圈套，这样你原本可能改正的错误、消除的隐患就成了漏网之鱼了，对手的帮助因为你带了有色眼镜的理解变成了你被人指责的缺点，成了上司心中你的污点。这可实在是得不偿失了。

摘掉你的有色眼镜，会让你的视野变得更开阔，你突然发现原来美丽的心灵随处可见。曾经对手的声音都让你觉得是带着杂音的，现在听来那声音好像还真的在传递着道理。摘掉你的有色眼镜，会让你的生活变得更简单，你突然发现原来曾经在脑中翻来覆去对他人那些不经意的举动的揣测和琢磨竟是这么没有意义，把那些小事抛在脑后，身上的压力也一下子卸掉了那么多。

相由心生，一个对世界充满了不满和成见的人，他的脸上透露出的除了冷漠与距离还能有什么，而一旦放下那些偏见和猜测，你的五官会立刻告诉你此时的它们在你的脸上相处得是多么融洽，而且这融洽还会以柔和的表情展示给你的周围。如果你听到旁人对你说："最近你看起来精神不错嘛"，不要怀疑，你就是这么不经意地被改变了。

所以，就从现在起，脱掉这恼人的束缚，把那副不招人喜欢的眼镜永久地丢掉，还自己一个没有偏离的世界。让你的评判标准回到它应该在的位置，让你的对手在你面前的形象不再是个哈哈镜的倒影。

2. 端正心态 正视对手

生活中，我们会遇上数不清的对手：生意上，总会有店铺摆着和你同样的货物在叫卖；赛场上，总会有人和你站在同一起跑线，追求同一个终点。人生就像棋盘上的较量，与你对立的棋子随时随地都会出现在周围。看待对手时的态度对结果起了关键的作用。能否摆正心态、能否正视你的对手，决定了你在这一竞争中的成败。

当我们正在因为伯牙与俞子期之间那种感动天地的交情而感叹知音难寻时，却忽视了相较于知己而言，还有更能帮助我们成长的人——对手。在比赛的整个过程中，是对手的存在折射出了金牌的光芒，是对手的能力体现出了竞争的价值。对手，更多意义上是实现梦想的另一只强力之手。面对对手，你是否会嫉妒那股力量的强大？面对对手，你是否会惊讶自己的不足？

面对对手，你是否会像周瑜一般发出“既生瑜，何生亮”的感慨？面对对手，你最应该调整的是自己的心态，正视对手，才能勇敢地面对挑战！只有心平气和地学习对手的优点，才能获得更多的经验值，甚至交到一个意想不到的新朋友。

首先，你要知道，对手不代表敌人。对手就是对手，他不一定是带着恶意的，我们一谈到这个词，就觉得好像对手是个处处与自己作对的人，对其充满了抵触情绪。对手固然是个威胁的代名词，但是与之较量也是一个享受成长的过程。你要清楚地认识到，在与对手的较量中，你会受到打击，感觉到压力，但也能积累经验，磨炼意志，甚至在孤独的时候，对手的存在也提醒了你：我并不是一个人在奋斗。正是因为有了对手，我们生活才充满了激情。朋友带给你的是顺境中的帮助，而对手则会让你在逆境中强大自我。

对手其实常常充当的是一个正面角色，你要坚信因为对手的存在在某种意义上对我们也是一种激励，而并非是一种打击！在一片草原上生存着一个民族和一群狼，他们只能依靠骑着奔跑的马来躲避狼群的攻击。然而就是这样一个靠马生存、与狼为敌的民族却将狼作为自己的神灵来崇拜，相信很多人都会不解其中的原因。分明是对手的关系，马背民族却使用狼作为自己民族的图腾，原因就在于他们认为狼是勇猛顽强、狡黠坚韧的对手，虽然会对自己的生存构成威胁，但是正是因为狼的威胁，使得整个民族在与狼共舞中得到了更强劲的磨砺和锻炼，不断变得强大。他们正视对手，利用狼群的鞭策，最终提高了自己的能力。当对手存在时，我们必须努力超越对手，其实这也是在无形中超越自己。

对手往往考验着我们。海鸥非常喜欢吃小海龟，而初生的海龟只有母亲身体的五百分之一那么大，海鸥差不多一口就吞掉一个，对小海龟而言，海鸥是个危险而强大的对手。当海鸥捕捉海龟时，海龟不停地躲，拼命地逃。固然有牺牲，但幸存下来的海龟，学会了生存的本领，这些都是从与海鸥的生死游戏中学来的，就某种意义上说，海鸥是教会它们生存本领的老师。我们常常在与对手的交战中，才能认清自己的弱点，看到自己的不足，并且做到优胜劣汰。

只要有对手，就必然会有胜负之分，当我们面对失败时也要做到能够正视失败，只要付出了努力，没有人会一辈子都是个失败者。要正视对手，也要做到能够时刻准备好迎接失败的降临。若是对失败充满了恐惧，那么就算你在对手面前叫嚷得再大声，你也无法在实际竞争中发挥出你的全部能力，畏首畏尾，患得患失。能够正确地看待对手不仅仅要看清楚对手的价值，还要能够用一颗平常心看待胜败。只有将目光放在全局上，才能让你更好地发挥自己。

其次，要能够正确地评估自己与对手。正视与对手的较量，你需要准确定位，而不是盲目地去对抗。把心态摆正，放在有价值可取的位置上，在较量的过程中，认清对手，先不论这场战争的结果，太过于目的性往往会走到歪路上。把这种能量转化为正面积极的一种状态，去学习，去激发，去创造，也许在不知不觉中便会得到意想不到的收获和成功。

全面看待了解对手，才能更好地去勇敢正视对手。要看到对手的长处，也要看到对手的短处；理性地关注对手，既关注对手的现状，又关注对手的变化；客观地评估对手，既不能妖魔化对手，又不能庸俗化对手。我们要善于从对手的眼光和评价中掂量自己，用对手的天平称量自己。知己知彼，百战不殆，随时都不能轻敌，不可小看对手的实力。当然，也要对自己有信心，做到扬长避短，充分有效地发挥实力，即使失败了也不要灰心丧气，客观而全面的看待彼此。

清圣祖康熙皇帝晚年时在一次宫廷宴会上曾举杯说："我感谢鳌拜、吴三桂，我敬他们一杯酒！"一语既出，满座尽惊。康熙帝感慨地说："他们虽是我的敌人，但他们的存在却激励了我，让我奋发图强并磨炼成了真正的帝王。相反，若是没有这些敌人，8岁登基的我，可能成为清朝的一个阿斗！"康熙帝不愧为一位圣主，这番话不仅体现出了其胸怀之宽广，也透射出其见解之高明，对对手作了客观的评价。

这才是面对对手应该有的良好心态。成长的路上是不能缺少对手的，有了对手，才能让人的各种能力更上一层楼，既然生活中对手无穷无尽，我们与其逃避，不如去端正心态，坦然面对，用自己的真才实学来战胜对手，获得别人的肯定。

在呈现于对手面前的那一刻，你要清晰地认识出你的强势和弱势在哪些情况下更能够发扬和避免。虽然做不到笑傲江湖的魄力和勇气，但是可以有着端正的心态与气魄。不惧怕，不退缩，勇敢迎接挑战，更不走猥琐小人的道路。

十二月这个滴水成冰的日子，是腊梅花开的季节。在百花凋零进入冬眠的这一季，草木枯黄的天空中，腊梅展现着她婀娜的妙曼身姿，这时候她的对手也开始肆虐在她周围。一场场的寒风暴雪来临了，在这严寒中，在腊梅盛开的日子里，风吹得越狂，雪下得越大，腊梅就越鲜艳，越美丽。它勇敢面对寒风暴雪的对抗，它的骨气，把寒风暴雪转化做自身的生命动力。

平淡的人生虽然宁静但缺乏激情，淡泊的岁月固然轻松但略显乏味。竞争也是人与人之间交流的一部分，在朋友亲人的关爱之外，有个人给你带来一点小小波澜，激起你的斗志有何不可？若生活是舞台，人生是戏剧，在你这个主角之外，有个名叫对手的配角华丽登场，共同演绎一段精彩剧情，更添一分绚烂光彩，因为有了配角的存在，主角才显得熠熠生辉，华丽多彩。曲终人散时，想起有人陪自己共同奋斗过，较量过，这出戏才不会显得寂寞，甚至如此辉煌，任谁也觉得无怨无悔吧。

有竞争就免不了有输赢，这个道理是自然下的定论，但是高下无定势，输赢有轮回，从战争中学习战争，烙印最深的当数从对手那里学习战争。败在对手面前的人，最有希望成为下一场较量的胜利者。李嘉诚也说过：要成为领袖，不论从事什么行业，都要做得比竞争对手好一点。面对强大的对手，不怕言败，而应当学习马背民族“狼图腾”的胸怀，端正心态，正视对手，为最终超越对手打好基础。

3.

紧张了吗？这样让你气势变从容

在面对与对手的正面交锋或者面临关键利益的竞争时，你是否会有心跳加速、心慌手抖的情况出现？是不是常在懊悔？

如果我当时能够从容一些的话就不会表现得那么荒唐。你明知道自己紧张却为何不能控制自己的情绪？要解决这个问题，还得先探究一下你紧张心理的来源。

我们知道，人的欲望是无止境的，就像普希金童话中的那个老太婆，当上了女王后还想当教皇，她想让天底下的所有王臣都服于她的欲望的魔杖；或者是人们得到金子之后，还念念不忘地想要仙人的那个点石成金的手指。这个世界上，有些东西值得我们争取，而有些东西，能否得到也许并不是那么重要。成功并非是我们必须得到的东西，而之所以要看轻成败得失，是因为对我们来说，无论任何竞争，最重要的莫过于成长。即使输给对手，你也能够从中学到经验，丰富自己的阅历。当我们不再看重成败得失的时候，自然就不会那么在意自己的表现了，紧张的状态也会随之得到改善。

在日本江户时期流传有一位茶师，跟随主人去做事，为了安全起见，他身着了一套武士的衣服，并且还携带了一把剑。这时候有一位浪人发现了，嚣张的向他发起战书挑衅要比试剑法。茶师连连解释自己根本不懂什么武功，浪人嘲讽得用剑指着他，既然你不是武士，更加有辱武士的尊严，你必须死在剑下。茶师无奈，提出要求希望在比试之前去办完事情。浪人同意了。茶师找到京城最有名的武师，以求一死，在追问之下，他道出了事情的始因。武师要求他为自己泡一次茶。茶师以为这次必死无疑，伤感极了。所以在每一道工序上都很仔细，安静地娴熟地做着这一切。武师在品了一口茶后要茶师记住，用泡茶的心去面对这件事。时间到了，茶师准时赴约，浪人见状，拔出自己的剑对着武师。茶师沉着应对，微笑地正视浪人，从容地做着准备，在这个过程中，茶师并没有表现出紧张害怕，虽然知道结果一死，却还是很镇定地一步一步准备。浪人在心里开始疑虑，紧张地看着茶师，恍惚间感觉对方深不可测。当茶师拔出剑时，浪人突然跪下央求饶命，并坦言茶师是他见过武功最强大的对手。

在我们生活中，也会有如此的对手，譬如在与对方谈判时，一旦在气势上因为对方而产生了紧张的情绪，你已经输掉了一大半的机会。现在越来越多的人提到了气场的培养，仔细观察不难看出，大部分的成功人士气质是很出众的。什么是气场?我认为指的就是一个人的自信度。自信度除了与实力有关，还与一个人的心态有很大关系，不要太在乎，就像上文提到的茶师一样，既然已经知道了结果，与其紧张不安，还不如做好手头的事从容应对。对方怎么看你是不能轻易改变的，所以我们只能调整自己，做到沉着应对。你越是紧张，对方越是强大，不需要几个回合，你便是手下败将。面对对手的时候，调整心态，从容应对，在气势上不输阵，让对手从紧张到心虚，崩垮对手。调整自己的心态，保持冷静，与对手交锋也要如此。

有一种姿态，不是头颅高昂俯视众生的骄傲，不是低头浅笑含而不露的谦虚，不是怒目圆睁举手执鞭的愤怒，也不是泪眼婆娑茫然无措的彷徨，而是平和淡定，不卑不亢的从容。没错，从容的人不在乎输赢，不计较得失，结果如何对他们来说不重要，他们看重的，更多是以什么样的表情面对挑战。

走在人生的我们不能掌控对手，那就改变自己，减少压力，放轻松接受面对。从容地把自己摆正，往往最不可能的事情都会在瞬间被颠覆改变。我们要记住三句话，因地制宜，因人而异，因势利导，这是在所有竞争策略中通用的手段。在不可能的事情上试着去造成另外一种相反的气势，虽然没有尝试，但未必做不到。做到了，你便成功在即。

面对对手，紧张的时候，怎么才能让自己更从容呢？

首先，要调整自己的心态，遇事要保持冷静，与对手交锋也要如此。做决定要深思，看问题要全面，要理智，别冲动。这样的气势是需要日积月累的，慢慢来，有心就不怕不成事。孔子曰：君子泰而不骄，小人骄而不泰。善于思考的人，心态往往比较平和，考虑周全，胆大心细，因此外表也显得安详舒泰，做事冲动的人，常常考虑不周，因此就连气度上也少了一分沉稳。人们常说，态度决定一切。这方面不妨借鉴下武术家的理论，少林寺的武功名不虚传，在很多武侠小说中甚至是出神入化的。少林僧人们脸上总保持着一分沉稳安详，那是因为每天练功前，他们都会在佛堂中打坐，试想，清晨宁静清幽的嵩山上，一位僧人心如止水、毫无杂念地坐在佛堂里，闭目静坐，耳边只传来虫鸣鸟叫，他的心情一定是放松的，平和的。拥有这样的心境的少林僧人，当他们练起武时，一定一招一式都是稳稳当当地击出，而“稳健”这个词也包含着信心的含义，只有放下浮躁的心绪，才能沉淀气韵，才能随时保持冷静和清醒。

其次，心情要放轻松，要想到我们只要改变能改变的，消除或减少外在压力。接受不能改变的事情。大事化小，把大问题细分为较小的、可以解决的几个部分。面对对手也要这样。然后，要不断完善自己，学会调适自己的情绪。因为在不断变化的社会环境中，我们只有积极地去改变自己，适应环境，才能生存下来，否则将会面临着被对手淘汰的局面。只有自己强大了，才能轻松地面对对手。要完善自己是件不容易的事情，我们可以从以下几个方面做起。脚踏实地。面对自己的缺点，有则改正，无则加勉。努力为自己充电，才能适应不断变幻的挑战。不要隐藏压力，和亲人、朋友谈谈。不是只有你承受压力，你并不孤单。经营好你的人际关系，关系可以支持你，也可能危害你，所以，一定要维持好自己的关系。可帮助发展与提供支持的关系，要用心经营，对你有危害的关系，要远离。

最后，要学会缓解紧张的情绪。紧张的情绪反应已经出现时，有效的调适方法应该是：坦然面对和接受自己的紧张。你应该想到自己的紧张是正常的，很多人在某种情境下可能比你更紧张。不要与这种不安的情绪对抗，而是去体验它、接受它。要训练自己像局外人一样旁观，不要陷入害怕心理里去，不要让这种情绪完全控制住你："如果我感到紧张，那我确实就是紧张，但是我不能因为紧张而无所作为。"此刻你甚至可以选择和你的紧张心理对话，问自己为什么这样紧张，自己所担心的可能最坏的结果可能是怎样的，这样你就做到了正视并接受这种紧张的情绪，坦然从容地应对，有条不紊地做自己的该做的事情。

接下来做一些放松身心的活动。将注意力集中到一些日常物品上。比如，看着一朵花、一点烛光或任何一件柔和美好的东西，细心观察它的细微之处。做一些与当前具体事项无关的自己比较喜爱的活动。比如游泳、洗热水澡、逛街购物、听音乐、看电视等。

放轻松，是让心情沉稳下来，越是焦躁越是容易紧张。中国有句话："车到山前必有路，船到桥头自然直。"就像前面讲到的一样，从容面对，不去关心结果如何，既然已做好了准备，那就平静地等待考验的时刻吧，以不变应万变，顺其自然才是乐观者的态度。

有了从容的气势，面对对手就不会再紧张。这样才能勇敢地迎接挑战，乘风破浪也镇定自如。从容不一定胜利，但胜利者的姿态一定比较从容。还紧张吗？一步一步地抛弃你的紧张吧！

4. 弹簧效应

什么是弹簧效应？

中学物理课本上讲了"胡克定律"：F＝kx。简单地说，就是指弹簧的弹力与弹簧的伸长度之间的正比例关系：弹簧被拉得越长，产生的弹力越大。越是对弹簧施加压力，它反弹的力量就越大。

这种"弹簧效应"在生活和工作中亦随处可见，你可曾有过这样的经历：当你遇到困难时，不仅没有退缩，反而迎难而上，困难越大，越是想要战胜它，不仅没有被消灭斗志，反而一鼓作气解决了问题。可以说，这种情况就是压力在人身上发挥了积极作用。

由此可见，有压力并不是件坏事，关键是用何种心态来应对压力。压力无所不在，恐惧和逃避的情绪只会将暂时的困难和压力无限放大，进而毁掉你的信心和勇气，在压力面前时刻保持积极乐观的心态至关重要. 我们需要做的，就是像弹簧那样保持一股韧劲儿，外界施加的压力越大，反弹的动力也越大，每一次承受压力都是人成长和事业发展过程中不可复制的一笔宝贵财富。

如果说我们每个人都是弹簧，而竞争对手，就是能给予你压力的人。

琼斯·鲁道夫说：垄断者提供的只是平淡的生活、低劣的质量以及不文明的服务。垄断就是企业没有对手，没有竞争压力给它产生弹簧效应。“通用”怎么破产的呢？因为它的技术进步不能适应需求，况且汽车行业里有其他强有力的对手，比如日本丰田。IBM 的硬盘出了问题，因为新技术存在严重的缺陷，被迫退出该领域便是明证。竞争压力无处不在，无竞争压力，成为超级垄断者，犯了决策失误怎么办？谁替他承接呢？不想用其产品，还有选择吗？市场当然要有领跑者，随时把犯了错的领跑者赶下来。所以就必须有对手的存在。

因此只有有了竞争对手，才能不断地强壮自己，充实自己，超越自己。对手就像一面镜子，清晰地反映出你的缺点，对手就像严厉的老师，在背后不断督促你进步，对手就像长鸣的警钟，在你停下脚步的时候提醒你前进。对手给予你压力，迫使你不断向前。

竞争对手给予了我们压力，催我们奋进，但是如果压力太大会不会承受不住呢？这就要求我们提升自己的倔强系数，才能使弹簧效应良性发展。

有些人经常感觉自己就像是一个弹簧，正在接受生活的挤压，虽然这个过程痛苦，但是，你要坚信当弹簧压得最瘪的时候，也是它的弹力最大的时候。而且，能够经受生活重压的弹簧才是最有韧劲的好弹簧。

从弹簧效应我们可以知道：第一，正如弹簧要想有弹力必须先给它施加压力，我们要想成功首先也必须有压力，就像上面所讲的对手给予我们压力，我们才会被迫不断前进。第二，我们知道如果仅仅有压力，弹簧是不会产生弹力的，还必须有倔强系数。在这里倔强系数就是将压力转化为动力的解压能力，我们只有具备了这种能力，才能从容地面对压力，迎接一个个挑战。由此可见，有压力并不是件坏事，关键是用何种心态来应对压力。压力无处不在，恐惧和逃避的情绪只会将暂时的困难和压力无限放大，进而毁掉你的信心和勇气，因此，在压力面前时刻保持积极乐观的心态至关重要。

面对压力的时候，我们要有比较强的倔强系数。压力可以使人成长，也可以压垮一个人，如何将压力变成动力就要依靠个人的能力。如何更好面对压力呢？工作当中“追求卓越”，生活当中“知足者常乐”，这样的原则可以帮助我们更有效地面临压力。在工作当中，追求卓越的精神带来前进的动力，这种进步的压力往往会带来创新精神、恒久的努力。以这样的原则来面对人生与工作，压力将在可掌控的范围内，你不会觉得压力过大。要把压力当成你生活中的一剂调味品，成功路上的一段小插曲而已，我们有足够的信心去战胜它，化解它。

意志需要不断磨炼和长久的忍耐才能变得强韧，思想需要丰富的经历和长期的思考才能日渐成熟，生命在各种体验中延伸，生活因爱和奉献而变得精彩。每一次承受压力，经受住考验的经历都弥足珍贵，来自压力的考验使你学会了沉着冷静，缜密思考，抓住机遇，全力以赴。不难发现，很多成功人士都是这方面的高手，他们之所以乐于承受压力并享受克服困难的过程，是因为他们从中发掘出了进步的动力和成长的力量。有人说，看一个人的实力如何，只要看他的对手就知道了。要提升自己，不仅需要对手，更需要挑战高手，只有这样，才能锻炼自己的能力，历练真金，真正展示你的实力，从而实现生命的价值。宝剑锋从磨砺出，梅花香自苦寒来，悬崖上的花朵更显娇艳，是因为它经历了风吹雨打，寒霜风雪，战胜了残酷的生存环境，方能开出最美的生命之花。

对手，亦敌亦友，非敌非友，他或许才华横溢，或许高于流俗，或许智谋过人，或许卓越非凡，让你羡慕，让你嫉妒，让你的血液沸腾，渴望与之一较高下。正如武侠小说中的高手，走遍天下，挑战无数，只求一败，这是一种痴迷，已经超越了输赢，是一种难言的情结。你因他的追逐而奔跑，你因他的骄傲而奋斗，被他击败你更有力量站起来，与他较量你更显得斗志昂扬。

失落时朋友对你的鼓励会让你觉得温暖，敌人的奚落则让你不甘心从而激起斗志。作一只弹簧，对手就是那只对弹簧施压的手。因为对手，所以才有竞争。面对强大的对手，你也会被他激发出所有的潜力，而弱小的对手也许只能让你停滞前进的步伐。所以不要畏惧强大的竞争者，相信弹簧的能量会将你推向更高处。

5.

将恐惧与胆小驱逐出境

某年的世界杯有两场比赛均为世界杯新军面对世界级强队，但出现了两种截然不同的结局。塞内加尔队在开幕战中1：0战胜了卫冕冠军法国队，而厄瓜多尔却0：2败在了意大利人的脚下。先看法塞之战，塞内加尔队的对手是卫冕冠军法国队，比赛之前，几乎所有人都看好法国队，认为法国队肯定会取得首场比赛开门红，打败塞内加尔是轻而易举的事。但塞内加尔队没有表现出对强敌的惧怕，充满信心地沉着应战，在顶住了对方的猛烈攻击之后，发动了一次次有力的反击，并由迪奥普打进了本场比赛的唯一一粒进球，从而以1：0战胜法国队，让业内人士也大跌眼镜。

塞内加尔队之所以能战胜法国队，是他们不畏强敌，相信自我，抱着对自己的打法的无比信心，最终取得了胜利。就像塞内加尔一名队员赛后接受记者采访时所说的那样：法国队非常强大，赛前没有人看好我们。但我们有着必胜的信念，我们认为我们一定能胜，最终我们取得了胜利。再来看看意厄之战，在这场比赛中，意大利吸取了法国队失利的教训，没有轻视对手，毕竟，厄瓜多尔在预赛中战胜过阿根廷、巴西等强队。意大利队坚持了他们的惯用打法—防守反击。厄瓜多尔虽然实力不容小觑，但在实力强大经验丰富的意大利队面前，最终还是输给了对手。这两场比赛给我们一个启示，就是足球比赛能力是一个方面，信心也非常重要，信心是取胜的重要条件，是以弱胜强的重要保证。塞内加尔坚信胜利属于自己，不畏强敌，打败了卫冕冠军法国队。厄瓜多尔面对强大的对手时信心不足，结果惨败而归。

你是否还在为与对手的较量和随即而来的压力而惴惴不安？因为恐惧而不敢与别人竞争？你还要躲起来继续平庸吗？为什么不走出来迎接挑战呢？往前走一步，你的世界会大很多。

若是你见过大海，领略过它骇人的风浪，你能变得勇敢，因为你经历了大风大浪；若是你见过无垠的大漠，你能变得沉稳，因为你体验到了广袤的平静；若你见过大山，你能变得深刻，因为你见识了它的巍峨；若你穿越过森林，你能学会神秘，因为你打败了羞怯与迟钝。当你害怕对手和竞争的时候，你必须正确面对自己的恐惧和胆小的心理。如果你认识到了这些不良心理对你将产生不良的影响之后，就要学会自助——帮助自己走出胆怯退缩的困扰，成为一个自信、独立、勇于迎接挑战和困难、善于抓住机遇、快乐轻松的人！

首先，树立自信心。自信心是战胜恐惧胆小的重要的法宝。缺乏自信的人，对自己是否有能力完成某些事情表示怀疑，竞争的时候，就算对手能力不怎么样，也会由于心理紧张、拘谨使得原本可以成功的事情弄糟了。相信不少人都经历过考试怯场的情况，一遇到重大的考试，心情马上变得紧张，本来记得住的知识，偏偏这时怎么也想不起来，会做的题也不会了，其实，这就是缺乏信心的表现。所以往往平时大胆自信的人发挥得更好，因为他们不会瞻前顾后，考虑过多，只要一心答题就行了，自信加上专注，当然能取得好成绩。那么，当你恐惧退缩的时候就应该为自己打气，相信自己起码有能力发挥自己的水平，然后只要自己去努力就可以了，正所谓：谋事在人，成事在天，抱着这种所谓的平常心去面对一些挑战，结果如何也不会给我们留下什么遗憾了。

其次，做好充分的准备。准备充分可以为树立自信心打下基础。自信心不是平白无故产生的。当你要参加考试，之前肯定要做好复习工作，不管是多么聪明的人，一点不复习，什么都不准备，谁也不能保证一定可以考得好吧！若你是个胆小的人，肯定心里就更没底了，考试时难免会紧张。当你要在众人面前演讲的时候，若事先不准备演讲稿，没有认真背诵过内容，也没有练习过在台上的动作表情，我想除了经验丰富反应灵活的人外，能不能成功地在台上发表演讲很值得怀疑啊。所以说，我们做事之前一定要做好充分的准备，心里有底才能信心十足，长期坚持这样的习惯才能为在竞争中取得成功提供可能性。

最后，对失败进行正确的总结。如果你不幸失败了，把某件事的原因归结于什么，是归结于客观还是归结于主观自身呢？这对一个恐惧胆小的人来说很重要。因为失败对于恐惧胆小的人来说经常是一个沉重的打击。遇到失败时，他们灰心丧气、一蹶不振，把失败的原因认定为一切都是自己造成，是自己没有能力，没有聪明的头脑，把失败归结于单纯的主观原因。这样一来，就会否定自己，对自信心是不小的打击，以后做事的时候，就会怀疑自己的能力，认为自己办不好，甚至选择逃避、放弃。因为在失败的时候，他们认为是自己能力上的欠缺造成的，以后在遇到相同的挑战时，就会理所当然地认为自己不行了。于是形成了恶性循环，胆小的人更胆小，恐惧的人更恐惧。所以，对于失败原因的分析是很重要的，客观的分析和总结才能找到正确的原因，如果做得不妥，就直接影响了人对于自己的认知和客观的分析能力。相反的，若是能做到客观公正的分析，全面的总结原因，情况可能就大不一样了。

如果你已经完全做到了以上几点，当你要参加一个比赛，或者在和对手的竞争中还是不期然地产生了恐惧心理，这里还有个缓解这种心理的小方法：有时候身体语言的改变也能起到惊人的效果。你能相信吗，对他人面带微笑、友善的握手、坦率开通的举止等等，都能让你显得更友好，从而获得友好的回报。就算是对手，这样一来也不会显得严肃可怕了。当然，如果要想彻底把恐惧和胆小“驱逐出境”，这是一个长期努力的过程，要使自己成为一个勇于面对对手，敢于尝试新的领域、勇于迎接挑战的自信、乐观的人，还需要勇气和持久的恒心！

6.

心灵交流

周朝时期的周宣王是个斗鸡的忠实观众，为了能够欣赏高水平的斗鸡比赛，有个人名叫纪浪子，专门负责给周宣王驯养斗鸡。有一天周宣王收到了一只非常好的斗鸡，于是欣喜地将它交给了纪浪子。几天后周宣王心急地召见纪浪子，询问斗鸡的驯养情况，问他何时能够举办斗鸡比赛。纪浪子的回答却是这只鸡斗志过强，容易冲动，还不适合上场比赛。过了几天，急性子的周宣王又来问了相同的问题。纪浪子回答道，还是不行，因为这只鸡只要一见到鸡毛就会激动，仍然不宜上场。又过了几天，周宣王按捺不住自己，再次找到纪浪子，又问了那只鸡何时能够上场比赛的问题。纪浪子这样答道，现在这只鸡无论听到别的鸡的声音，还是看到别的斗鸡的身影都一动不动的，它的心已经能够不被外界事物所影响，就如同木鸡一样，所以现在它可以上场比赛了。

于是，周宣王便带着这只斗鸡去参加比赛了。当它和对手一起出现在场上之后，周宣王的斗鸡稳稳地站在场中央，一动也不动。无论另外一只鸡怎样向它挑衅，怎样向它逼近它都无动于衷，用它的眼睛牢地盯着对方。另一只斗鸡被吓得一步步后退，无论换了多少个对手，都没有任何一只鸡敢靠近它。

这个“斗鸡的心理战术”正是在传达这样一个道理：在面对对手的时候，利用心理战术以静制动，反而会达到意想不到的效果。在现实生活中，当你面对与对手的竞争时，心灵交流发挥着无可取代的功能。一般说来，竞争中心灵交流的运用包括心理暗示与心理压力两种。利用这两个武器使得对方臣服于你的脚下，不仅节省了你的时间，还能增加你所得到的成功的含金量与成就感，进一步增强你的自信心。

例如在竞技场上，若你面对的是一个很容易紧张的对手，那么你就必须抢先在气势上处于优势，即使自己的能力也许并不比对方强到哪里，但是一旦你能够激起对方的紧张情绪，在对抗过程中他的失误率就会大大增加，个人技术的发挥也容易失常。若你的对手富有冒险精神，例如喜欢在关键时刻采取高难度低成功率的技术，常常寄希望于几率，那么你所应当做的就是集中注意力去判断他即将做出的冒险行动，而坚决不可被他的情绪所带领，贸然出击。面对这种将成功寄托在运气上的人，只要能够保持住心态的稳定，就可主导局势的走向。若你的对手容易受他人情绪的感染，例如看到对方比赛时不专心也会集中不起精神，而当对方情绪饱满时他也会斗志昂扬，你应该做的就是伪装自己，掩饰自己真正的情绪，装作漫不经心的样子，实则胸有成竹只待关键时刻的爆发，这样一来，将对手拿下轻而易举。

在与对手进行心灵沟通的时候，并非是独立的，有时甚至不只是一对一的形式，是一个群体的方式存在。你的对手也许在无形中利用他们所了解的各种信息来击垮你的内心防线。因此你要肯定自己的内心，只有牢固的信念才能阻止住对手乘虚而入，才能去更清晰地了解对手，看清对手的花样。

在一家心理咨询室坐着一位年纪大概三十岁的女性，她低下头抽泣，讲述着一件埋藏在心底多年的往事。在她小时候，有次和小伙伴们在河边戏耍游玩，正当玩得高兴之时听见不远处的微弱的呼救声。他们几个都非常害怕，立刻四下走散逃回家里。几天后，听邻居们说前几天有个小孩在河边玩泥巴，结果脚下一滑掉到了河里，由于发现得太晚，被淹死了。听到这件事之后，她的耳边总会不断地回响起那一日的呼救声，因为害怕大人的指责和死去那个小孩家人的怨恨而一直没有向任何人说出这件事。日复一日，她一直希望自己能够忘记这个意外，却发现自己记忆越来越深，也越来越难以与他人交流。婚后回老家探亲时，遇见一疯癫妇人，父亲告诉她这是当年那个溺水孩子的家人，她开始不停做恶梦，她认为这是对她的惩罚，认为是自己的过错导致了另一个生命的结束。内心的自责不停地讨伐着自己当年的行为。

治疗师用催眠术让她情景再现一次，用自己眼睛看到当时所发生的一切。当她了解到自己当时的内心恐惧，她处在局外人的立场上明白这是人在遇见一种外界的恐惧时自然产生的本能反应，成熟的她看到那个年纪的小孩做出这样的反应是完全可以理解的。她醒来后，治疗师告诉他，这些年来是她在内心用现在年纪的责任指责当年还是个孩子的她的错误，这是一种悬殊的错位。这个女子终于打开了自己的心结，捡回了丢失了多年的轻松。

其实她的对手是自己，那里潜藏着的另一个胆小的她，由于害怕，时刻处于内疚与恐惧之中，无法做到与人交流这件根治于心的事情。久而久之的沉默使她更加难以摆脱困境，沦陷于个人情绪之中。若是她能够敞开心扉，坦诚地将当年她的所见所闻与人倾诉，也不至于拖着沉重的心理包袱生活了这么久。由于缺乏心灵上的对话，长久以来那个胆小的她始终霸占着她的思想，她就这样输给了自己。可见，心灵交流对于决定事情的走向起了多大的作用。

面对自己时怎样做到心灵的沟通呢？在我们周围，我们可以借助一些外界的力量来放松自己，身心在松弛的状态下才能自我释放。利用身边的力量，把自己幻想在一个空间，用对立的形式把自己一分为二进行对话交流，我们也可以说成是一种镜像。这时你可以看到存在于自己心中的对手。面对那个不完美的“他”，不应排斥，也不应逃避，你要做的是疏导自己，积极地认识自己的缺点，通过与自己的交流使自己正视一切毛病。外界的对手是可见的，内心的对手却难以发现，用心灵沟通自己是你战胜自己的首要任务。

我们通常在说一个人郁郁寡欢或者自闭的情况时，就会联想到沟通这个词，不可否认，沟通交流是排解压力爆棚的一种手段。随着社会的进步，各种形式的发泄和沟通都在更新交替上演。在日常的生活中，经常地与自己进行心灵交流，既能够改善自己的心情，也能给自己一个休息与放松的时间。

在面对竞争时，我们运用各种方法去揣测对方的思维，运用双方心理的特点去指导自己的行为方式。在日常生活中，我们与熟悉的人相视而笑莫逆于心的交流是一种心灵的对视，自我对话是另一种心灵的疏导。通过自己你可以正视问题的存在，通过朋友你可以客观地评价自己。无论任何一种心灵上的交流都是对你的帮助，帮你增加勇气，帮你面对困难，帮你设下埋伏，帮你取得胜利。

利用心灵上的交流去完善自己，通过心理战术去运用自己，不断增强自己较对手而言存在的优势，用无声的力量将对手送入失败的路上。

第四章

朝夕相处的对手

“他不爱我，他的眼神透露他的心。”只是一句情歌就将这道理昭然若揭——只要心中有，身体就一定会有所指示。无论职场还是生活，都免不了与对手的交锋，如何与对手相处，如何从他的言行举止分析他的心思，就是你成功的关键所在。

1.

面对对手，牢记这十句话

既然拥有了对手，那么你们必然免不了要发生碰撞。在与他相处的过程中，用下面这十句话不断给自己敲响警钟。

一、山中无老虎，猴子称大王。

“山中无老虎，猴子称大王”这句话是中国人耳熟能详的成语，此话明文最早出自晚清王浚卿所写的讽刺谴责小说《冷眼观》。老虎是最强者的意思，猴子是二流人物，有点能耐但要做大王还是不够水准。

在这个世界的每一天、每一个角落，竞争都在发生着，究其原因除了客观条件所限，还因为“猴子”的存在。对于既得现状不满的人，会不断地寻找着上位的机会，只要被他们发现了可乘之机，都会不择手段地争取更多的利益。所以，只要有人的地方，就有江湖，就有对手，每一张脸孔背后都是一个你无法控制的潜在威胁，。与他人共存于同一个山里的你，要在心中明确地告诉自己，“猴子”的存在不可忽视。

二、天网恢恢疏而不漏。

福尔摩斯曾经说过，“一个善于推理的人推断出的结果，往往使他左右的人赞叹不已，这是因为那些人总是忽略事情的细节，而这些细节又是推理的关键所在。”所以只要是对你有所企图、或是内心对你有所敌对的人，一定会在他的行为中露出可循之迹。只要你能够剔除你性格当中的马虎与粗心，在平时的生活中多注意观察，多用心琢磨，将你的头脑和智慧发挥出应尽的作用，才不至于被对手打得措手不及。不要整日迷迷糊糊地过日子，把无所谓、差不多挂在嘴边，否则等到有一天你都已经成了别人的手下败将了，还不知道对手是谁。

三、态度决定一切。

中国足球前国家队主教练米卢有句座右铭“Attitude is everything”（态度决定一切）。在每次他给国足的训练课上，他都会戴着写有这句话的帽子，他想通过这句话告诉国足的队员们要端正态度，才会成功。对待你的对手，你所持的态度将在极大程度上左右你们优劣势的位置。最近有一句话流行于女性之中：“女人不狠，位置不稳。”同样的，对于你的对手这句话也非常适用。若你在面对对手时，还时常抱有期待和侥幸的心态，那么在气场上你就始终是被打压的那一个。只有当你真正在内心树立了坚定的信念，目标直指战胜对手时，你才会发现不经意间你的一举一动都在散发出令对方畏惧的气息。

四、眼角眉梢都似恨。

什么是对手？就是和你竞争的人。为什么会有竞争？就是你们存在了利益的矛盾关系。假如你的对手最终取得了胜利，得到了你也想要的东西，难道你会欣然自得地承受这失败吗？对手也是人，他和你也是一样的想法。对于他而言，你是他的绊脚石、障碍物，只有将你清除了，他才能达到他的理想目标。既然你们之间有着如此不和谐的矛盾，你又如何会觉得他对你低眉顺眼是情理之中的表现呢？给自己适当的心理暗示，对面站着的是对手，而不是伙伴。

五、不怕失败，只怕认输。

战争，怕的不是失败，而是认输。若是你在面对对手的第一刻起就已经做好了时刻认输的打算，那这个竞争的过程也没有任何意义可言了。没有争取过怎么知道结果？就算最后真的失败了又能怎样？有首歌词说的好：阳光总在风雨后，请相信有彩虹。没有人能够指挥时间的方向，也没有人能够预告你们的结果，不要惧怕失败，更不要轻易就认输，放手一搏，不留遗憾地努力，大不了从头再来。

六、对对手的宽容就是对自己的残忍。

一只兔子被饿狼追赶，它逃跑的路上突然发现了两个交通工具，一辆自行车和一辆摩托车。对于兔子来说，逃命自然是最重要的事情，两个交通工具速度的快慢一目了然，难道它会顾虑到饿狼急需美食而将摩托车留给狼，自己骑着自行车逃命吗？对待对手的宽容就是在变相地给自己制造困难，看清楚对方的身份，找准自己的目标。

七、看到面具的背后。

一个刚刚出生的婴儿对你露出了笑容，说明他此刻的心情确实很好，而一个精明的商人对你露出了笑容，这笑容背后蕴含的含义就值得你多一番思考了。表面文章谁都会做，做的质量如何就是另外一回事，有的人不善表演，伪装的戏码一看就可拆穿，但是有的人精于控制自己的情绪，在面对他们之时，就要动用你的头脑，看一看他的面具描绘得有多细致了。

八、因果必相依。

俗话说苍蝇不叮无缝的蛋，但凡是出现了让你费解的结果，就一定是由你忽略的因素导致的。例如他时常在与你交流时针锋相对，今天却一反常态沉默不语，不要轻易地下结论，认为他是已经被你的道理所说服，还有可能是他已经掌握了更具价值的论据，只等最后一举将你推向无理取闹的局面。对手的正常表现值得你的注意，他的反常表现更是你需要深入思考的地方，追本溯源，时刻保持清醒。

九、乌云也是镶有金边的。

常常有人在面对对手的竞争时，就会对对方的一切进行全盘否定，盲目的竞争使得他们歪曲了价值标准和对人的客观评价。在他们的眼中，对手的所作所为都是于自己无益的，对手的方法对策都是自己不应该正视的。这样的扭曲让他们往往看不到对手的优点，要知道，在面对竞争时，对手也是精打细算做足了准备的。对手的一举一动都是他智慧的凝结，而这其中很有可能存在着你的思路无法企及的地方。因而，在与对手的交往之中，不仅要将对手当作是竞争者，还要谨防竞争蒙蔽了你的觉悟。

十、不耻下问，敏而好学。

敏而好学，不耻下问出自《论语·公冶长》，这句话意思是说天生聪明又好学的人，不会因为向不如自己的人请教而觉得有什么羞耻的。一个人真正的成功人士，总是在不断精益求精，完善自我的，有时就需要通过不耻下问，全方位了解事物的本质。

而运用在与对手的竞争当中，则是要敢于承认较对手而言你自身存在的弱点与缺陷，纵然他和你有多么尖锐锋利的竞争，很多时候，你所无法解决的问题只能从对手的身上寻求答案。

毕竟，你们是在用各自的积累向同一个难题发起进攻，只有你们是在全身心地投入在这个答案的探索上，当你面临了能力的不足而无法解决的问题时，你的对手才是那个能够给你灵感和启迪的人。

面对对手，不仅要能做到预防，还要能做好应对，即便是对手，你也应该怀有学习之心，能够处理好对手在你生活中的位置，你将会得到超越目标的意外财富。

2. 可怜之人必有可恨之处

“可怜之人必有可恨之处”，这一句话似乎已经变成了人们评价往日风光无限，而现如今虎落平阳的人物时的口头禅。

乍听之下，大部分人都会认为此话含有极端之意，略显偏颇，一个“必”字对人间事物都进行了绝对化的处理，想必经历了无数大考小考折磨的你也曾经被老师教导过，但凡是选项用了绝对性表述的，错的可能性十有八九。但是仔细琢磨，在普遍的人事中，不得不承认这句话在刺人的锋芒之下掩盖了如公式般可套用的道理，它的存在可以使人能够唤回理智，从而全方面地理解身边发生的喜怒哀乐，在面对对手时，你不但要看得到强有力竞争者的威胁，还不能被看似可怜而不具备竞争力的人所迷惑。

有人曾反驳说道，将这句话归类正确的人是同情心缺失的冷漠一族，毕竟多的是人毫无选择的权利，在命运的安排下被迫地变成了别人口中可怜的人，难道他们就可恨了吗？但是，倘若给这个“可怜”更为细致的进行一下划分，明确其定义，那么你自然就会发现这句话适用的对象并不包括为你打抱不平的那些人。

第一种是天生的可怜，也即出生的那一刻你就已经被迫进入到了一个可怜的环境当中了。不知何时流传起一句话叫做“投胎也是个技术活”，这句话看似充满了讽刺和遗憾，但是也是在直接地告诉每一个人，有的时候人就是这么无能为力。而被命运投入到这个范围的人，可能要面临着穷困潦倒的家庭，可能要忍受着先天疾病的折磨，也可能从出生起就注定要生活在一个阴暗苦涩的交锋中。

可怜之人必有可怜之处。贫穷的人、孤独的人、老弱病残的人，都因为其某一方面的不足而被社会所同情。贫穷的人没有钱来维持生存，于是有人热心肠提供物质帮助其解决困难；孤独的人没有朋友来交心分享，于是有人愿意提供一份真心解开他精神的枷锁；老弱病残的人无法正常的生活，于是有人自愿站出来给他们送上一份温暖。可怜的人需要别人的关爱，而人之初，性本善，人类的善良也使得有人给他们奉献爱心，这么一来，他们就在一步步地脱离可怜了。

然而，当可怜的人以可怜者的身份自居，将别人的帮助当作了理所当然从而对他人的同情带来的利益产生贪婪之心的时候，可怜之人就变为可恨之人。因为对不劳而获的满足，有人就自甘堕落，放弃了与命运的抗争，放弃了自尊与奋斗的精神，他们把自己的可怜之处进一步地放大来吸取别人的帮助，自己竟然安心享受了起来，从这一刻起他就已经成为了可恨之人。

不排除在你的对手之中会有这样的人，他出身贫寒，为了基本的生存而不得不与你竞争，你们都想要得到的成功对于他来说会远远超过成功本身的价值，那么对于这样的人，你所持的态度自然就不能是带有“恨”字的词语。然而一旦他为了得到这成功使出了为人所不耻的行为时，你对他还有什么可怜与同情可言。

第二种则是后天的可怜，通俗地说就是他们原本可以拥有正面的评价，但是他们“没有条件创造条件也要上”，把自己变成了可怜又可恨的人。这种人多半是自己的咎由自取沦落到了被人同情的地步，究其原因不过是两个字：欲望。欲望是人人都不能避免的，但是聪明的人能够控制，知道什么样的欲望是可取的，什么样的欲望是应该摒弃的，而愚笨的人则将欲望与收获混为一谈，为了使得利益到手而不择手段，一步步在别人的心中形成了卑鄙虚伪、阴险奸诈、不够光明不够磊落的负面形象。这样的人既是可恨的，也是可怜的。

在你念书的任何一个阶段、任何一个班级里，都一定会有至少一个人，他的角色是老师的耳目，专职负责定期向老师汇报班里谁谁谁上课睡觉了，谁谁谁逃学作弊了。倒不是说这样的学生就是可恨的，只是要让你知道，无论你身处在什么样的环境里，每个人都有不同的追求，当你的存在阻碍到他前进脚步的时候，刚好他又是一个不怎么注重礼仪道德的人的话，那你的下场注定好不到哪里去。

所以，当你的对手中出现了一个看似可以被可怜这两个字形容的人时，先暂时停滞一下你挥洒同情心的进程。可怜的人有很多种，不怕他可怜，怕的是他可怜背后隐藏的可恨。而真正可怜的人在生活的打磨之中多半被挫折刻上了坚强勇敢、吃得苦耐得烦的品质，那些顶着可怜头衔还生活得平坦自得的人往往只是“伪可怜”。他的孤独或许是因为曾经的阴谋诡计被揭穿而遭到同事的排挤；他的困窘或许是因为沉迷于赌博与不知节制的消费；他的一切看起来令人生出慈悲之心的经历都有可能对应着一个不堪的过往。

若是这样的人成了你的对手，打着苦情牌来与你竞争，你若是还用同情心软兵相击，等到他扬起胜利的笑容时，同事嘲弄的眼神也纷至沓来了。不是早就告诉过你，可怜之人必有可恨之处吗？真正身世不好的人都在积极地面对困难，正大光明地依靠自己的能力奋斗着，他们正在用努力摆脱可怜二字，怎么会是可怜的人？而你的同情心泛滥，看到了对手紧紧皱起的眉毛就以为看到了他身上的千斤重担，看到了对手眼角若有若无的荧光就以为看到了他伪装的坚强背后有一颗多么受伤的心灵了。

贫穷的、被生活折磨的人不一定是可怜的，只要他们拥有一颗善良又积极的心，而真正可怜的是那些既没有客观优势，主观又充斥着负面、消极的人，当看到这样的人时，切不要立刻对他做出评价，时间会揭露出他的真面目。

当你的对手在不断地向你倾吐着身世的凄凉、向你诉说生活给了他多么不公平的待遇时，想一想鲁迅先生的那句名言：真的勇士敢于直面惨淡的人生。将诉苦和抱怨挂在嘴边的人除了是没有理想与抱负的人之外，就只剩下一种了：别有用心。

此时此刻，你所应该做的当然不是善意大发地自动退出竞争，而是直视他的眼睛说一句，期待你对生活的挑战。

3. 适时杀一儆百

“杀一儆百”一词出自《汉书·尹翁归传》。这篇传记讲述的是西汉时期，有一个名叫尹翁归的人，他不拘私情、奉公廉洁、聪明能干，从衙门里一个小小的卒吏一步步变成了东海郡太守。尹翁归到东海做官治理郡务后，仍旧坚持明察秋毫，毫不松懈精神。

他从不委托旁人执事，始终亲自处理政务，在他所管理的郡中，从官员到平民百姓，谁是良民谁是地痞他无一不知，谁贪污受贿谁刚正不阿他无一不晓，无论是谁做了坏事犯了罪过，都无法逃脱他的掌握，并还在下属的每个县都建立了簿册来记录当地的这些情况。每当有紧急的案件出现时，尹翁归从不盲目冲动断案，而是力求稳妥与慎重，一旦某地的吏民法纪松弛，发生案件时，用来记录情况的簿册就派上了用场，通过翻阅，他命令各县拘捕那些刁吏恶民，对他们的罪行进行细致公开的审讯，情节严重的还会判处死刑。在此过程中，他有一个独特的地方，那便是他拘捕人犯的时机只有两个，要么选择在秋冬两季考核官属的大会时，要么就在他对各县进行巡查之时，而从不在平白无故的时候捕人。他之所这样做，也是别具用意的，目的就是可以杀一儆百。这样，那些刁吏恶民们看到了前车之鉴，都对这个太守心悦诚服，并且因为害怕受到严厉的惩罚而改过自新。

然而在东海郡县，有个名叫许仲孙的人是当地出了名的豪强恶霸。他平日里横行乡里，为人奸诈狡猾，对郡中人民的生活造成了极大的危害，严重影响了当地的治安。在尹翁归上任之前，也曾有过太守想要将他捉拿归案，但是许仲孙仗着自己的势力庞大，左右逢源，运用了各种手段使得自己一再成功地逃脱了法律的制裁，久而久之，他便成了该郡恶势力的中心，为非作歹恶贯满盈。尹翁归到任后，当机立断地将许仲孙依法治罪，并且斩首示众，这一举动可谓是使得全郡都大为震动。自此之后，再没有人敢违抗禁令，东海郡的治安得以恢复正常的秩序。

尹翁归的举动后来也成了我们所说的“杀一儆百”的历史典故，他在官位上所采取的做法对于消灭敌对的势力非常的有效果，也非常有效率。面对大量的刁吏恶民，他选择能够吸引大家目光的时间对犯下罪行之人进行严厉的惩处，以达到震慑其他吏民的作用；在面对治安混乱、社会秩序动荡的现状时，他将矛头直指黑恶源头，对最核心的矛盾进行了处治，从而维护了法律的权威，在每个人的心里都树立了一条警戒线。

在现实生活当中，“杀一儆百”可以理解为有针对性的对对手进行压制。在面对来自各方对手的压力之时，如果能够选中恰当的时机，针对其中的关键对手给予重击使其失去强有力的竞争性的话，不仅仅会让你走出僵持的局面，还会让其他的对手都对你产生畏惧心理，这将会为你接下来的行动奠定一个非常有利的基础。

从另一个方面来说，“杀一儆百”如果被运用到你所在的团队之中的话，对于提高团队的合作意识和整体的精神层面都是非常有益的。你发现你的合作团队在面对工作时个个精神萎靡、粗心大意，在讨论意见时心神涣散、词不达意，或者分明是严肃的场合却嘻嘻哈哈地计划着下班后去哪里消遣，丝毫看不见对成功的努力与争取之心，你所要做的事情显而易见，从中找出标杆人物，对他的严肃处理将会使你的团队立刻回归到正常的工作轨道上来。固然轻松的氛围对于人的工作效率会起到一定的积极影响，但是凡事都是相对的，轻松的环境没有一个条框的约束的话就会产生反作用。

历史总是惊人的相似，时光飞逝，一晃千年。在公元949年，发生了一场战争，后汉叛将李守贞率军向河西（今甘肃河西走廊）进攻，在发动进攻之前，他令手下的人假扮成卖酒的小商贩，以小利引诱对手河西的郭威部众畅饮，然后打算乘其酒醉的时候偷袭河西军营将其一举攻下。郭威得知此消息后，立即下令至全军：河西除了犒赏及摆设筵席之外，任何人一律不准私自饮酒，违反者杀无赦。然而有一次，郭威最亲近的将领李审违反规定喝了酒，郭威便派人将李审找来进行了一番怒斥，而后立即将其拖出去砍了头。自此之后，河西官兵再也没有人敢随便喝酒，对方的计谋也成了黄粱一梦。

尹翁归和郭威面对的是不同的对手，但是他们都采取了同一种策略，这也正是在告诉你，杀一儆百无论是对于你的对手，还是你的合作者都是你可以使用的计谋之一。

若是此刻的你正在孤身作战，你的对手赵钱孙李们好像达成了一致般地把你当作了软弱的小绵羊，不断地用他们的人际关系、优势技术给你造成困难，企图采用大鱼吃小鱼，小鱼吃虾米的方法先将你这个看起来没有什么胜算的对手解决掉，他们再进行下一轮更具技术含量的竞争。在这个时候，你自然要进行反击，而最有效最能挫败他们计划的反击方法就是选中目标，将其推向失败的深渊。此刻再看看那些曾经对你投来不屑与嘲弄的对手的眼中闪烁的是怎样震惊的目光。

若是此刻的你正和你的团队酝酿着集体智慧的结晶，而他们却屡屡散发出消极怠工或是漫不经心的气息，精神的注意力都未放在这需要完成的工作上，相反的，你的对手那一边如火如荼的好一番热烈的景象。在这个时候，对伙伴的放任就是对对手的帮助，你所要做的就是揪出一个代表树立一个典型，对他的批评与惩处就是对你团队的鞭策。当他能够受到教训将心思收回到与对手的竞争当中时，你的团队中也就不会再有薄弱力量了。

在适当的时候选择杀一儆百，不仅会让你完善内部的不足，也会让你创造有利于你的外部条件，用行动告诉你的对手们，你不是不发威，你只是在等待最完美的时机。

4.
看穿他的小动作

你也许对“小动作”这个词并不陌生，因为在生活中我们常常见到各种形式的“小动作”，甚至聪明的你也曾深受对方“小动作”之害。要了解这些“小动作”背后的真实含义，达到居安思危的效果，就必须先重视它们，最终才能达到藐视它们。

“小动作”这个词有两种解释，一是表示暗中做的干扰集体活动的动作，二是指为了个人目的在背地里搞不正当的活动。不论是哪一种，对于我们的对手来说，这些都是他们每天“必备”的日常工作。一些人较为冠冕堂皇，他的小动作隐藏得很好，让你一般很难发现，但是金无足赤，人无完人，若你擅长发现细节，大部分人的小动作将会由“暗”转“明”。他此时此刻脑中的活动，他在打什么小算盘，他的情绪的波动，你都可以看出来，感觉到，从而最终识破他，达到战胜对手的目的。

我们的对手是人，是人就会说谎，就会掩饰。“小动作”的种类有很多种，广义的可理解为包括了一切竞争中常用到的手段，狭义的则可理解为对手的语言、面部表情、身体动作、性格习惯等。因此我们要看穿对手的小动作，最主要的就是要做到能听其言，还要观其色。广东民谚说：当一个人笑的时候腹部不动就要提防他了。伯明翰大学的艾文·格兰特博士说：“要留心椭圆形的笑容。”行为心理学家认为，我们不仅可以从一个人的面部表情识别其话语的真实性，更可以通过其肢体动作看出其心理。例如说谎就是一种复杂的行为，要做到让人相信，需要动员全身的器官共同“演戏”。而无论一个人的说谎技术如何高明，为了掩盖谎言，他都会无意中做出一些小动作，因此，善于观察的人，光看一个人的小动作就可以断定对手是在说谎。因此当发现对手有以下任一动作时，你就需要长个心眼，综合各种已知信息判断对方是否在说谎。为了不限于泛泛而谈，我们需要学习一些常见“小动作”的真实含义。

第一，遮掩嘴部。行为心理学家戴斯蒙·莫里斯博士做过这样一个实验：他让研究人员把护士作为测验对象，要她们有意识地对病人谎报病情。通过录像观察，这些护士在说谎时，比平常实话实说时使用了更多的用手掩饰嘴部的动作。由此他得出结论：手遮嘴的动作有说谎的嫌疑。当你的对手在你说话时，不自觉地时常出现用手捂嘴的动作；当说到与之相关的关键点时，他甚至有意假咳嗽以便用手来遮嘴，这时就要对这人说话的真实性多加留意，因为这时也许他在说谎。结合前后的交往，你就不难做出准确的判断。如果说话者用手遮嘴，那么他就有“心口不一”的嫌疑。

第二，摸鼻子。研究表明，当比较坏的想法进入大脑之后，人就会下意识地指示手去遮住嘴，但又怕表现得太明显，因此会就势在鼻子上触摸一下。大部分人不一定摸鼻子或捏鼻子，只是轻轻地在鼻子下方擦几下。由于动作幅度较小，很多时候几乎察觉不到。如果在交流的过程中对手有这种动作，那么就要分析对方的言下之意乃至语言的真实性了。

第三，摸耳朵。一些人在心口不一时通常会下意识地抚摸自己的耳朵，就如孩童双手掩着两耳的姿势一样。除此之外，对耳垂、耳背进行揉拉或者将耳朵拉下来堵住耳孔等也会成为很多人下意识的动作，而这种动作大部分表示对方是在害羞或者紧张。

第四，揉眼睛。眼睛是心灵的窗口，人的许多秘密都会通过这个窗口流露出来。因此许多人会采用这种姿势来掩饰眼前的欺诈、怀疑和谎言。如果你的对手是男人，那么通常他会用力揉眼睛，假如是个大阴谋，他还会把视线转往别处，通常是向着地面。如果你的对手是女人，那么通常她们喜欢在眼睑下方轻轻摸一下。

第五，用手拉衣领。例如在与对手谈判的过程中，如果你看到对方下意识地拉了一下衣领，你就需要长点心眼，以没有听清为由，让他再重复一遍对你说过的话。如果对方之前说的是假话，在接下来的重复回答中就会出现支支吾吾、前言不搭后语的现象。如果此时，你再细心观察对手的神态，就能发现他是否撒谎了。有时人们在愤怒、沮丧的时候也会做出拉衣领的动作，这可能意味着你的对手在表达着他对你的不满，想要消除对手的这种情绪，就需要你及时与他进行沟通了，也许还能增强对方对你的好感。

事实上，对手的小动作可能非常多，为了进一步地识别他们，限于篇幅，我们稍作总结如下：

◆与头部有关的动作

a. 如前文所述的遮掩嘴部、摸鼻子、摸耳朵、揉眼睛、搔脖子等。

b. 经常用手拂额前头发。如果是处于非必要的时候，即其实他的头发并没有任何不妥的时候，这往往就意味着对手比较敏感，而且还有可能有些神经质。一旦发现了其中涉及他的事情或内心对此有所触动，就会不由自主地做出这个动作。

c. 倾斜着头听你讲话。表示对方对你有好感，或对你说话内容有兴趣，就会自然而然地做出类似小孩子撒娇的亲和动作。

◆手臂动作

a. 如前文所述的用手拉衣领。

b. 总是不停地玩手旁的东西。其实这往往意味着你的对手比较紧张，并且十分在意你，因为十分紧张，所以就不自觉地用手开始抓住一些东西临时转移和释放某种紧张。

c. 对手一方面嘴里说着“我”，一方面指着自己的胸膛。这表示没有自信，所以才会借着指自己而确认自己的存在，让你一定要接受他的意见。

d. 双手小动作不断，手指绞在一起，并且还会莫名地用力。说明对方非常紧张或者是不自信，他内心的忐忑不安因为手的用力而显露无遗。如果是双手缠在一起手心向上举向天空。说明你的对手此时有较强信心，并且有些骄傲，这种动作会让你感觉对手是在得意忘形。

e. 双手交叉护在心前。这是一种较为典型的防护措施，就像是在胸前筑了一道围墙，相当于表达一种拒绝或是否决的情绪。这种动作会让你感觉对手不自信和不友善。

◆腿脚动作

a. 对手在与你说话的中途抖腿和晃脚。这种动作表示精神紧张，说明他期待着好的结果，如果此时期望得不到满足，此动作还会一直持续。

b. 不断交叉双腿。此时表示你的对手已经不耐烦了，或是内心烦躁，或者是寂寞无聊，这样他就会不自觉地将双腿交叉起来。

虽然我们能通过小动作去判断一般人是否有阴谋，但高明的对手也会利用有意识的小动作来误导和迷惑对方，因此我们要学会观察，仔细辨别，避免上当，达到真正的成功。

5. 时刻准备好你的真诚与头脑

真诚是什么？很简单，真诚就是待人真心实意，不虚伪，不做作。晚清曾国藩曾经给“诚”下过定义：一念不生是谓诚，故“诚于中，必能形于外”。说的是内心的真诚，表现在外就是真实不虚、率真自然。真诚是我们安身立命的不二法门，真诚之心是我们与对手相处所必须具备的。因为很多的冲突和斗争，都能在真诚的言行中消弭；很多的怨恨和嫉妒，都能在真诚的火焰中融化；很多困顿和厌倦，都能在真诚的关爱中缓解；很多猜忌和误会，都能在真诚的沟通中获得圆满。因此真诚是一个人做人做事成败的关键，它的含义深远，是我们每一个人都必须具备的。

头脑是什么？我们常说一个人做人做事要有脑子，意思就是说人在做人做事时必须具备精明的思考，这种思考是瞻前顾后的、居安思危的、灵动敏捷的、细致缜密的，有时甚至需要机关算尽的。就是说人必须有一颗玲珑之心，不要被偏见和假象蒙蔽双眼。看来这头脑也是我们安身立命的必备要素。

想必你已经明白了真诚之心和玲珑之心的这两心的重要性了。可人只有一心啊，一心怎可能二用呢？一心二用不是什么都做不好吗？事实上，在我们与对手的竞争中，想要寻求发展，想获得成功，就必须学会这一心二用。既要真诚待人、真心付出，又要保持聪明的头脑，具备玲珑之心，只有这样，互相配合，才能无往而不胜。接下来，我们分开来说。

在与对手相处的过程中必须存真诚的心，说真诚的话，作真诚的事：谎言和虚伪是人和人中间许多纠纷的起源。越是聪明人越需要注意这件事。真诚对待你的对手，并不是一种示弱，一种失败，一种无奈，相反，它却可以让你表现得大气、有修养、有魅力，你的对手也不会认为你是弱者，反而将会支持你、感激你，对你放松警惕。

2008 年 11 月 4 日，美国共和党总统候选人麦凯恩在其家乡亚利桑那州菲尼克斯市承认自己在本次选举中失败，并向在选举中获胜的民主党总统候选人奥巴马表示祝贺，他呼吁全体美国人一起支持奥巴马。那天晚上九点多钟的时候，麦凯恩来到菲尼克斯市比尔特莫尔饭店前的一个大草坪上，对他的支持者发表演讲。麦凯恩说，美国人民已经做出了选择，奥巴马当选美国总统是件“了不起的事情”，这不光是奥巴马一个人的胜利，也是美国人民为争取民主而取得的胜利。最后他呼吁所有美国人抛弃来自意识形态、政治的分歧，所有人都共同支持奥巴马。

数千名共和党支持者在得知麦凯恩竞选失败时，他们表现出难以掩饰的失望，很多女性支持者眼中饱含着泪水。面对这些伤心的支持者，麦凯恩说："有些失望是自然的，虽然我们没有获胜，但失败属于我，而不是你们。

竞选失败对于麦凯恩来说，肯定是悲哀的。但是最终他依然保持了高度的理智，对奥巴马的竞选成功展示了他超然的风度。而事实证明，他的真诚也获得回报，他赢得了美国民众的掌声，他的胸怀与气度也得到了他的对手奥巴马的赞扬。纵然在选举中他是一个失败的人，但是在人们的心中，他没有任何失败者的影子，而是依然充满了光辉与魅力。

为自己叫好容易，为别人叫好困难，为对手叫好更困难。生活中有太多的人只知道为自己的成功欢呼，而对对手的成功丝毫没有任何表示，甚至是嫉妒怨恨对手，这就是因为他们不具备真诚之心。

可是你知道吗？对对手真诚并不代表你就是弱者，你就是失败者。真诚对待对手是一种美德，你付出了由衷的赞美，这非但不会损伤你的自尊，相反还会收获友谊与合作；真诚对待对手是一种智慧，因为你在欣赏他们的同时，也在不断提升和完善自我；真诚对待对手是一种修养，对别人和对手赞赏的过程，也是自己矫正自私与妒忌心理，从而培养大家风范的过程。美德、智慧、修养，是我们做人的资本。

当然这也不代表我们在对手面前要什么都说，什么都按着事实来。毕竟事实是残酷的，真相总是蕴含着些许的负面影响。所以，在与对手相处过程中，说实话的时候也得懂得察言观色，得知道自己面对的人喜欢听什么，不喜欢听什么。他更渴望真相，还是更渴望美好。这就牵涉到头脑的问题了。

头脑简单模模糊糊的人多数都能和对手相处得来。这是因为他们真诚而不懂得世事之残酷。太过聪明机警总是与对手相处不好，这是因为他们身上带着的骄傲、狂妄、自私、虚伪、猜疑、嫉妒害了他们。如果他们能够在谦卑、诚实、真挚、慈爱的同时懂得如何将真诚之心和玲珑之心“一心二用”，那么就一定能相处融洽。因此对于“头脑”，我们一方面需要，一方面也要慎用，否则机关算尽太聪明，反算了卿卿性命，就不划算了。这些例子在历史中可以说是屡见不鲜。从古至今凡是机关算尽，无中生有，搬弄是非的人，无不以害人的目的开始，以害己的结果告终。毁人自毁，是人世间的一条规律。

南宋末年的权臣贾似道，是一个不择手段地陷害对手的丑类。《宋季三朝政要》中记载，贾似道为了谋求宰相地位，对他的对手宰相吴潜要手段，唆使人编造一本叫做《福华编》的书，此书歌颂贾似道他自己在地方上的战功，到处派人散布有关吴潜谋反的流言。宋理宗得知流言，于是急忙罢免吴潜相位，让贾似道做了宰相。于是贾似道就在宰相的位子上专权了15年，被他诬害的人罄竹难书，“一时正义端士，为似道破坏殆尽”。正所谓多行不义必自毙，由于朝野万众的不满，皇帝只得把贾似道贬到循州去。一路上，他的轿夫们撤下轿盖，让他暴晒于烈日之下，他们唱着民歌控诉着他的罪状。恶贯满盈的贾似道就在这途中便被监送人杀死了。皮日休说得好：“毁人者，自毁之。”意思就是欲毁他人之时，便埋下了毁灭自己的祸根；毁害他人之时，便毁灭了自己的人格。

所以，在面对你的对手时永远必须记住的一句话就是：真诚和头脑同等重要，两者分寸掌握适当，“一心二用”才能成功。

6.

无声的语言

在与对手的交锋时，很多人都希望能够在气势上战胜对方，给自己增强心理优势，大多数人都会提高音量，或者增加对话时的语气词、形容词等等。很多人都没有意识到，在面对对手时，更能让对手感到压力的来源是他自己的思维。他对于你的猜测、对于局势的把握都来自于他自己的判断，你的语言等等对他来说都是外因，他主观的判断在他头脑中从思考到产生这一过程才是影响他心理的内因。内因对于事物性质才会产生本质的影响，这个道理相信所有人都懂，所以要能够给对手造成更强烈的扰乱，就要能够抓住本质性的东西，而这个时候单凭语言就略显单薄。善于与对手正面交流的人，都是能够利用语言之外的东西，让对手败在他自己手里的人。

提起老杨，可以说是预审界人尽皆知的能手，虽然他年纪已经将近退休，但是在与犯罪嫌疑人交锋时，没有人能比他讯问出更多的线索。所以，只要是公安局里遇到了顽冥不化、拒不交代事实的嫌疑人时，都会请老杨出面。

这一日刑侦支队的两个警员来求助，原来是一起杀人案进入到了僵持阶段，尽管已经收集到了一些证据，但是证据之间的逻辑推理毕竟没有嫌疑人的有罪供述来得有说服力。他们无论怎样拿这些证据去质问嫌疑人，他都一言不发，没有任何紧张的表现也不自我辩解，案件难以进入下一个程序。他们把情况简要地跟老杨介绍了一下，老杨略一思考，决定前去和嫌疑人正面交锋一下。

两个警员把老杨接了过去，说嫌疑人已经在审讯室等着了。只见老杨去附近的超市买了点东西，然后进他们的办公室，给自己一直不离身的大水杯冲了杯浓茶水，拎上一个热水壶就进了审讯室。

两个警员跟在老杨后面一起进了审讯室。嫌疑人看到他们进来，冷冷地瞥了一眼，低着头什么反应也没有了。老杨说道："我们手里有多少能顶你罪的证据你自己也知道了，你还有几天的时间来考虑，你是坦白争取宽大处理，还是继续扛着到最后从重处罚。我年龄也大了，我也没什么事，咱俩就在这耗着吧，我一个老头还真不觉得会输给你。"说完后老杨坐到嫌疑人的对面，让那两个警员该忙什么忙什么就行了。他把热水壶往地上一搁，把大茶杯放到桌子上，接着拿出来刚才买的东西，原来是几盒泡面和几份报纸，拿起报纸坐在嫌疑人对面就看了起来。老杨也不跟嫌疑人聊天，不看他也不质问他任何有关案子的事情，就翻着报纸看新闻，茶杯水少了就往里面添点热水，中午的时候就把泡面拆了放在一边，香味弥漫整个审讯室，嫌疑人在座位上有点坐不住了。

到下午的时候嫌疑人问道："你们不是怀疑我犯事了么，怎么没人问啊?!"老杨低头看着报纸，回了一句，"急什么，给你时间好好想想"。慢慢地到了晚上，整个审讯室再次飘起了另一个泡面的香味，老杨吃着面看着报纸，就好像对面没有人一样。中间嫌疑人几次想跟老杨交谈，老杨都一句话结束了与他的对话。

吃过泡面老杨看了看表，跟嫌疑人说道："我去拿个毯子，没想到这空调还挺凉快，后半夜再冻着我我就得不偿失了。”他正要出门的时候，嫌疑人突然喊了起来：“我都交代，那人是我杀的，你有什么问题就快点问！”老杨站在门口，把那两个警员叫了进来，一起坐到嫌疑人对面，老杨说：“他说他有事交代，你们俩记录一下，有什么要问的就问，等你们录完笔录再帮我带点东西回来，我这老头子要熬一晚上的话光看报纸可不够啊。”一个小时不到，嫌疑人就把案子的经过全部陈述了一遍，对警员提供的证据也供认不讳，让市民都心惊胆寒的杀人案终于算是结案了。

两个警员把老杨送回家的时候，向他讨教经验，老杨说道：“他不招，逼他他只会抵触情绪更强烈，咱们跟他说什么他都不会有畏罪心理，这种人就让他自己吓唬自己，你不跟他废话了，他自己脑子里面就开始高速运转了，他这一想可比什么语言都有杀伤力。”

面对对手时，能够利用好眼神、肢体动作、心理暗示、周围环境等方法，将会给你的竞争带来事半功倍的效果。那么又该如何运用这些来迷惑影响对手呢？

首先是眼神，这也是人与人交流时第一个经过的环节，所以在与对手面对面地交锋时，必须要利用好这个工具。人们都被一种观念灌输着，只有眼睛是不会骗人的，所以在判断一个人是否说谎时也都会以眼睛做突破口。既然人们都对它倾注了信任，那么一旦能够用它来做文章的话，你也就有了一个犀利的武器。当你已经计划好了对对方的下一步计划时，你可以避免和对方的眼神接触，试着回避对方的注释，这样以来会给对方造成一种你在心虚胆小的状态中的感觉，很容易使对方放松对你的警惕，也就为你接下来的计划奠定了一个良好的基础。当你对于自己的实力没有把握甚至早已明了确实不如对手时，你就要使眼神坚定有力，绝对不能让对方看出你有任何的畏惧，这么做既是在增强你的信心，也是给对方形成一种你仍有底牌的感觉。在不同的情况下对眼神有不同的运用，但是你要注意的是，首先你要相信自己能够驾驭好自己的眼神，不然伪装的眼神很容易被人识破。只要能够有坚强的信念支持，加上对局势的分析，你就可以用眼神很好地达到掩饰的效果。

其次就是肢体动作，包括了手势，神态，步伐，小动作等等。在识破谎言的时候，肢体动作是参考的重要依据，因此，在制造谎言的时候，肢体动作也是重要的途径。经常做出许多手部的小动作是紧张的表现之一，例如抠手指、摸头发等等，一旦出现的频率增加就是在表明心神不宁。既然它拥有了这样的含义，我们也就可以将它运用到实战中。当你想要给对手造成你在紧张的错觉时，你就可以通过左顾右盼、增加肢体小动作的方式来完成。常人在看到对手表现出紧张时，多半就会产生窃喜的感觉，自认为已经将对方逼上了梁山，也就很容易降低自己的攻击力。或许此刻你并没有觉得处于劣势，但是你可以通过这种方式来改变对手的作战计划。

同时还要重视周围环境的影响，利用周围的环境给对手施加压力是一个非常简单又效果明显的手段。在比赛时，主场优势就是这样体现的。面对自己熟悉的环境，以及场外分贝更大的加油声的支持，对正常发挥自己的实力非常有利；一旦进入到一个陌生的环境中，首先就要耗费时间来对周围进行熟悉，这就已经拉开了与对手的差距，另外，若是周围环绕的都是给对方助威呐喊的声音的话，很容易影响到自己的心情，综合起来就对发挥造成了消极的影响。所以，当你要与对手进行谈判时，首要的选择就是自己的主场，不仅要让对手知道你具有主场的优势，还可以通过对环境的刻意布置来达到更强的影响力。像面具、盆栽、布局等等，都会对人的心理产生影响，有些人更是有密集恐惧症，若是能够再对此加以利用，对手的气势就又降一分。

在竞争中，语言的运用固然重要，但是若是能够再附加上这些无声的语言，对你取得胜利将会起到加速的作用。

第五章

将对手装进你的钱包

就算是垃圾桶，也能从中得到可以再利用的资源。可以成为你的对手的人，他身上蕴藏的无尽财富只等着你去发现。在与他竞争的同时，你是否看得到自己的改变？不要一味埋首于计较成败，这只会让你视野变狭隘，放开你的视线，看看你的对手给你带来了什么意外惊喜吧！

1.

让对手拓宽你的人际海岸线

每个人在闯荡社会的初期都是默默无闻的，但是在中国这个以家庭为单位的国家里，单打独斗最后必定是死路一条。这也正是在告诉你人际关系有多么重要的作用，你平常所储存的人际关系很有可能在任何时候，任何地方帮助到你。也许是摆脱困难，也许是指点迷津，也许是给予机会。人脉将无数的机遇和可能性摆在你的面前，因而我们更应当想方设法在初出茅庐之时就积累良好的人际关系网以备不时之需。

对于还是青涩懵懂的无名之辈的我们来说，应当怎样建立一个以自己为中心的人际关系网呢？毫无疑问每个人都想初入殿堂就名声显赫，但是应该如何去做？旁人为何要去重视一个无名小卒？而那些名士又是怎样与名相相交的呢？其实所有的疑问都可以归结为一个答案那就是一定要找到一位合适的竞争对手，借助这个对手，我们再逐步崭露头角，向世人显示自己的勇谋及才干，进而建立属于我们自己的人际脉络以使自己在未来的竞争中得到更多的帮助，谋取更多的福利。

三国时期一代枭雄曹操能够平地而起称霸一方天地，一个重要的原因就在于他的胆魄使他不惧任何对手，他选择的对手也没有辜负他的期望，为他积累了丰富的资源。

本质上说起来，曹操算是名门之后，相当于我们今日的富二代。但是可惜，在那个名声与人际对人的影响比现在还重要的汉朝，曹操因为从小就飞鹰走狗，是京城出了名的坏孩子，以此至于他长大后很长时间没有什么名士的批文。在汉朝，没有名士的批文相当于现在没有名校的毕业证，基本在仕途上想任要职是不可能的。所以就算曹操家境富甲四方也没有能够让他在仕途上得到任何好处。曹操在没有名士举荐的情况下，没有太高的升迁的机会，一直都是一名默默无闻的小卒，徒有财富却没有地位。

在曹操二十九岁的时候，下定要刺杀董卓的决心，正是以当时“显赫”的董卓作为自己的对手成就了曹操，他一夜之间声名鹊起一直到最后成长为历史上著名的“治世之能臣，乱世之奸雄”。

刺董的消息一经传出，他的身上马上聚集了天下将相的目光。他站出来与董卓对抗，甚至不惜牺牲生命前去董卓寝宫行刺，这一举动大大感动了当时的能人义士，尤其是那些对董卓早就恨之入骨的人。他直接吸引了后来吕布的军师陈宫跟着自己一起逃亡。尔后，在他逃到陈留之后，又因为这名声吸引来了不少猛士，日后为曹操屡屡立下汗马功劳的夏侯惇、夏侯渊兄弟、武力最强的护卫典韦、“虎痴”许诸等名将。曹操抓住时机顺水推舟，倾尽全数家产组织了一支讨伐董卓的义军，以陈留为基地，终于踏上了自己乱世征途的第一步。

从曹操的发迹我们可以看出，对手可以为我们带来些什么——名声，影响力，吸引力……就算在与这个对手的抗争中失败了，但只要与其竞争这一过程是存在的，你就已经做出了正确的决策。在大家的心目中，一个人若是没有足够的实力，没有真本事，那么他也不会妄图去与那些已然功成名就的人对弈，你的挑战不但为你取得了同领域人对你的全新的认识，也引起了强者对你的重视，从而使你崭露头角，在大家的心目中成为一名“有胆识，敢挑战”的有为人士。当你刚刚起步，不足以在他人心中产生影响时，对手可以给你带来“一炮而红”的效果，当你的事业遭遇瓶颈、对自己所处的交际圈感到乏味的时候，选择一个对手，展开一场竞争可以让你摆脱这困境。

但是你也许会觉得像曹操这样一个太子党从一开始就已经有了不错的根基，只要他不犯下大错，自然就会功成名就了。那么作为一个普通的人，生活在市井之间，如何能够像曹操一样找到一位位高权重的人来当作竞争对手，并且向他提出挑战来提升自己的名声、扩充自己的人际关系呢？

众所周知，刘备刘皇叔其实就是卖草鞋出身、一介草莽。在大战吕布之前除了他的两个兄弟也没有别的什么可以让人对他有足够的印象。但又是什么让他在后来一举成名并且成就了蜀国这样的大业呢？虎牢关之战是刘备的成名一战，“关羽温酒斩华雄”，“三英战吕布”都是发生在这一仗中大家耳熟能详的段子。这一战不仅让三兄弟成为当时军中新传说，也让“刘备”这个名字在当中的诸侯脑海中浮起波澜。

其实，刘备从求爷爷告奶奶让公孙瓒带着自己去参加这个诸侯联盟的时候就做好了让自己一战成名的打算。因为他知道这次他必然会遇到一个全天下最强的对手——吕布！刘备深知和吕布这一战对于自己的重要性，这个时候他知道自己已经没什么可以输了，只要拼命就可以。面对强大的对手，他并没有胆怯害怕，在诸侯军派出的各位大将都节节败退的情况下，刘备三兄弟作为无名小辈站到了队伍之前。这一战的表演性质已经大过了胜利本身，因为对手是吕布，所以败是一个必然的结果。但是这一战下来，刘备却也如“曹操刺董”一般在天下名声广播，而且，由于刘备那一层皇室宗亲的外壳，更是惹得天下朝服。

从刘备身上不难看出，虽身为一个毫无后台可言的普通人，与对手的竞争同样为他打开了局面。若说曹操刺董更多的是有私心为大义的话，那么刘备战吕布就绝对是一箭双雕的事情。找对了吕布这个对手，不仅仅让刘备在上层的诸侯心中留名，更重要的是在军营战士中打下了基础。他很准确地预估到挑战吕布这样一个曾具有卓越战绩以及传奇经历的将军在当时那些身处乱世之中的诸侯中会引起什么样的反应，在死气沉沉毫无未来可言的军队战士中会有怎样的回应。刘备借助吕布跨出了自己三国鼎立中关键的一步，凭着自己的胆量，决心，以及万分准确的预测力。

所以，若你也和刘备一样，身后没什么背景，也没什么“皇亲国戚”可以依靠，那么你不只要训练自己的文韬武略，还要敢于选择对手选择竞争，在这个时候成败与否对你来说是个小事。成功的话，你就可以一夜之间从一个无名小卒变成一位受大家推崇敬仰的强者；而就算失败了，你也一样可以得到另外一份宝贵的财富，那即是与强劲对手交手的经验以及由于敢于挑战强劲对手而引起的圈内人士对自己的重视。从此，你不再是以前那个默默无闻的人，你得到了更多人的关注与认知。甚至，有些人会因为你的胆略而发掘你，从而使你找到一条通往成功之路的捷径。

刘备与曹操从人群中一个平凡的背影，到分割天下、鼎立乱世的霸王，他们都是从对手的身上挖掘到了财富。通过对手他们将自己展现在世人面前，通过对手他们使自己得到他人的关注，通过对手他们为自己积累了人脉与关系，最终建立起了属于自己的政权。

在你和对手竞争时，你的名字就已经开始在他人的口中频繁出现，你的下一个合作伙伴也许就隐藏在这些人之中。所以不要躲避你的对手，不要不敢于竞争，将你的对手置于放大镜下，你会看到他给你带来了多么丰富的资源，他给你提供了可供发展的人际关系。让你的对手拓宽你的社交圈，为自己编织一张更为庞大的关系网！

2.
三十六计 将计就计

“将计就计”这句成语本是出自元·李文蔚《张子房圯桥进履》第三折：“将计就计，不好则说是好！”。意思就是说利用对方所用的计策，反过来对付对方。

三国之中诸葛亮在有名的“草船借箭”中，周瑜本来是想设下圈套陷害诸葛亮。周瑜早就耳闻诸葛亮的才华，有一天在商议军事时，周瑜与诸葛亮打赌，看十天之内是否能够造好十万支箭。这在主要以手工为主的三国时期，十天造十万支箭本来是不可能的事情，大家都知道，这是周瑜有意布局让诸葛亮难堪，但是诸葛亮却笑着应了周瑜的赌局，而更让大家意外的是，他说不用十天，三天就好了。

诸葛亮早就知晓鲁肃为人忠厚老实，就命他准备二十条船，每条船上安排三十名兵卒，再有一千多个草靶子和青布幔子。鲁肃果然信守诺言，把一切都按时准备好，并且没有走漏半点风声。到第三天的时候，周瑜看对方还是一点动静，更加得意洋洋，以为诸葛亮已经投降。心中已经暗爽诸葛亮以后在军中抬不起头的样子。但是结果却不是他所想的那样，到四更天的时候，大雾弥漫，诸葛亮命人将准备好的二十条船悄悄靠近曹军的水寨。而曹操生性多疑，在还没有看到船上到底是箭靶还是军士的情况下，就命战士向江中放箭。就这样，诸葛亮没费吹灰之力，就从曹操那里“借”到了全数的十万支箭。

周瑜是嫉妒诸葛亮的足智多谋，因此设下圈套想要加害于他，但是诸葛亮是何等人物呢。在识破周瑜计谋的同时，诸葛亮并没有揭下他伪装的面具，而是将计就计，表面上装作是中了周瑜的招，而实则是利用他为自己设下的陷阱再反过来将对方一局。

诸葛亮在“借箭”的过程中淋漓尽致地展现了其高超的军事指挥才能。正是他“将计就计”才不费吹灰之力地借到了曹操的箭，成就了三国史上一段流传至今的典故。

当今社会，风云变化，计谋与权谋不断交错，情况和场面丝毫不亚于昔年任何一个英雄辈出时代。为了能够在职场之上有一席的立足之地，为了实现自己的梦想，我们不得不面对各种各样的对手，他们或者毒辣，或者狡猾，但是毋庸置疑，他们是你前进道路上的敌人，你只有打败他们，才能继续往前走，取得最后的胜利。在这个过程中，你没有选择，不能逃脱，也不能回避。而要战胜对手，最快捷，也是最聪明的办法那就是“将计就计”。

很多时候，尤其是在与对手的竞争中遇到挫折之后，我们往往会变得手足无措，垂头丧气。我们总是习惯抱怨对手太阴损，太毒辣，太让人琢磨不透。但是其实，换个角度想想，既然已中了对手的招数，何不以此为契机，再寻一个东山再起的方法。分析总结经验，思考未来以及当下的时局，再为自己谋划另外一场大局才是现在应该做的。因为被算计的情况已经无可避免，唯今之计只有硬着头皮上，将计就计。若是继续什么都不做，只无动于衷地站在原地唉声叹气，那么最终只有死路一条。但是如果你懂得将计就计，在走投无路之时依照对方的计谋想到一个万全的应对方案，那你就会置之死地而后生，身在亡地而后快。掌握将计就计最关键的要素，首先要有一颗冷静的心。不能着急也不能心燥。这个时候，你要像一个旁人一样来看待自己与对手的竞争。将自己置身于竞争之外分析对手为了对付你所施展的计谋，然后再认真分析对方的每一步棋，从中发现可以突破的点。然后再根据你所得到的信息，进行重新的整合，制定一套全新的应对方案。你的目标很简单，就是在让对手还沾沾自喜以为你依然步入他设下的陷阱之中时，反将他一把。将他的策略当作是自己谋划中的一部分，你要成功，你要打败他，你要让他在毫不知情的情况下一败涂地。

多年之前，在河南的一个公司曾发生过这样一件事。公司旗下的一个小印刷厂已经资产赤字，大有破产的势头，公司董事长觉得厂里挂着自己的名字破产的话面子上实在过不去，不愿意丢这个人。于是思前想后，决定让当时公司人事部经理钱某去做这个工厂的厂长。董事长当时的寻思是：反正都已经是一个要歇菜的地方了，找个人去背黑锅，而且小钱也算是不错的人才，去管一下，也许就会有一点起色。即使是没有起色，就让他跟着工厂一起“倒闭”，公司也不会再多失去些什么。

于是，钱某就被任命为该印刷厂的厂长了。他也清楚地知道自己被拿去背黑锅了。可是，自己总不能就此沦落下去，虽然这个印刷厂已经濒临破产，但是它还没有倒闭，若是放手再搏一把，也许还能挽回这个败局。然后他开始认真分析情况，仔细斟酌，发现当时各种印刷零部件与老式机器的价格其实并不算低，把这个印刷厂的所有老旧机器变卖的话，可以筹集到一笔购买新式机器的资金，虽然能够购买的新式印刷机的数量只是老式机器的五分之一，但是由于印刷技术得到了更新，所以其实生产效率上并没有减低，而且印刷出的产品的质量比过去老式的机器要好很多。但是这个时候又有一个新问题——很难找到一个合适的买家可以出足够的钱来收购厂里的老旧机器。钱某这时候又分析，当时刚好是国家大力发展乡镇企业的时候，何不把这些机器卖给那些需要创业的乡镇企业呢。于是通过四处打探，他终于在周边的乡镇找到了一家愿意收购他们工厂老旧机器的企业并用合适的价格顺利地把老旧的印刷机卖了出去。印刷厂换了新的设备，又通过钱某自己两年多的苦心经营，终于扭亏为盈，并且快速成长为当地数一数二的大型印刷企业。

在这个事例中，我们称赞钱某是一个让濒临倒闭的工厂起死回生的“妙手”。但是却很少思考是谁给了他施展自己妙手回春招数的机会。不错，就是他的对手，那个让他背黑锅的董事长。这位董事长派遣钱某担任已经亏损严重的印刷厂的厂长时，抱着只是一个试试看的态度，甚至可以说，只是一种“死马当作活马医”的无奈。但是钱某在面对上司派给自己的烂摊子的时候，并没有像一般人所想的那样撒手不顾，反而分析当前状况，做出新的应对措施，从而反败为胜，使濒临倒闭的企业扭亏为盈。所以，我们必须看到，一个对手带给你一个挑战的同时也带给了你一个机遇。你若懂得将计就计，你就会把每一个算计和阴谋当作一个个机遇，然后从中发掘创造更高价值的良机，粉碎别人的阴谋，从而更高更远的方向前进。

所以，当你以后再因为对手的算计而遭受挫折的时候，还会像以前一样悲伤沮丧，只是懂得责怪对手的阴险毒辣吗？不，你会淡淡一笑，然后静下心来，用一颗冷静的心态来分析你所遇到的状况，施展招数，一步一步突破对方巧心为你布下的局，然后将计就计，反败为胜。

3.

吃一堑不可怕 怕的是没有长一智

中国有句老话叫做“吃亏是福”。很多人都对此抱有疑问的态度：“都吃亏了，为什么还说是福呢？”

记不记得你小时候刻在书桌上的那句话：“宝剑锋从磨砺出。”一把剑，不经过打磨，它如何变得锋利，如何吹毛断发？没有被打磨过，它永远只是一把毫无用处的钝剑。而吃亏，就是这打磨的过程。它痛苦无趣，它残酷难当，但聪明人却微笑着说：“让暴风雨来得更猛烈些吧。”在他们眼中，早已没有了失败，没有了吃亏，因为他们心中饱含智慧，这智慧让他们目光长远，看到了艰难只是暂时的，前路的光明却是永久的。所以他们甘愿承受这重重险阻的考验，最终到达成功的彼岸。

“吃一堑”没什么了不起的，它只是告诉你你这方面做得还不够好，你的缺点暴露出来了，赶快改正吧。能够正确地认识到这个问题，“长一智”就尾随而来了。你在失败中不断变强大，变优秀，你又有什么好沮丧的呢？但是最怕的是，吃了亏、被对手打败，却不思改进自欺欺人。

有一个年轻的市场总监跳槽到了通用汽车公司，他与一名优秀的CEO一起工作。一次，他们在一场会议后闲聊。他问CEO：“你好像永远都不会犯错，这其中的诀窍是什么？”CEO笑笑，淡淡地对他说：“看起来我好像永远不会犯错误，但是其实我在坐上这个位置之前，犯了很多错误，也经历了不少挫折。”

经理又问“是什么让你在那么多错误中坚持下来？”

CEO说：“我记得海明威说过一句话‘世界很美好，依旧值得我们为它奋斗。’虽然犯错误很可怕，但是我总是能够通过这些错误获得经验。倘若没有错过，怎么知道什么是对的。我这么多年来看过不少天才，但是他们跌落了就再也没有站起来过。而我”，CEO接着说：“这是由于在与对手的竞争中我不怕失败，并且能够吸取失败的经验，才让我走到现在，并且有了目前的地位。”无论是生活还是工作，总有各种各样的坎坷埋伏在你前进的路上。有的人被绊倒之后就想停步不前，而有的人却思索为何会在此失败，找到了原因之后跨越了障碍，不仅如此，他还能够举一反三，在此后的困难出现时更加应对自如。那么谁能够品尝到终点的果实可想而知。

一个辩论队参加了学校的辩论比赛，在初赛阶段由于忽视对手，掉以轻心，因而在开始的比赛中连续受挫，节节惨败。但是他们并没有因为暂时的失败而垂头丧气，而是在与老师的沟通中，发现自己的疏忽与过失，进而总结在之前的比赛中失败的经验教训，完善自己的辩论方案，并且根据不同的对手，采取不一样的应对措施。在之后的比赛中，该辩论队扭转了之前形成的不利局势，从小组赛中脱颖而出，并且一举取得了决赛的胜利。在辩论队反败为胜的过程中，正是由于他们可以正确对待自己与对手竞争中的失败与挫折，并且能够从中吸取经验来修正自己本身的不足，才能够在最后的较量中出奇制胜，赢得胜利。

在与对手竞争的过程中，每个人都会遇到这样或者那样的困难与问题，我们得懂得观察，懂得在失败之后去思考，发现对手在其中暴露不足之处。当你被老板批评的时候，你不应当只是被动地接受或者在心中默念老板的吹毛求疵，而是要仔细地分析老板都在批评自己的哪些地方，从老板的批评中发现自己在行为处事以及工作办公之中的缺点与不足，但是，你是否意识到此时老板其实也将自己暴露在了你的面前。你可以依靠这些批评掌握老板的心态和心理动向，包括他的喜好与厌恶。对他有了进一步的了解，在接下来的工作中你自然能够更好地应对他布置的工作了。

这同样可以应用到我们在和对手交锋的过程之中。面对竞争，面对对手，我们必须做好长远的准备，并且要有足够的耐挫力。当我们在竞争中遇到困难经历挫折之时，不要只是想到“失败”的后果而觉得自己一无是处，变得颓唐丧气。而是应当从挫折之中发现对手的长处，明白自己的不足和缺失，正确看待自己的错误和缺点，进而调整自己的措施与计谋，以全新的面貌来应对接下来的挑战。

当你去公司应聘的时候肯定会遇到很多的竞争者，很可能在不经意之间因为某一些细微的差错就会被某个对手淘汰。但这个时候你不必为此而觉得沮丧。因为你的目的并不在于与对手比拼，而是在于谋求得到一个职位。只要你坚持着这个目的，那么久而久之，你就会拥有一个非常坚韧的意志以及一个不会因为困难或者失败而放弃自己目标的决心。最后，你终于领悟：很多时候，一个有坚持，一个不怕失败的决心比任何的学历和证书都更能够显示一个人的聪明才智和整体素质。失败并不可怕，可怕的是因为失败就变得一蹶不振的懦弱的心态。在真正的社会竞争中，在同对手较量的过程中，人并不能总是成功的，而有的时候一个人欠缺的并不是成功的自得，而是能够从失败中总结经验教训，并重整旗鼓的决心和信心。

所以我们在被一个优秀的对手打败时，不应该自怨自艾，反而应该高兴，因为又多了一个总结经验的时节，多了一次自我完善的机会。你得懂得，对手击败的，是那个茫然不知的你，而不是懂得思考与进步的你。你必须进入一个新的思维领域，在新的起点上，彻底忘记以前失败的痛苦，总结以往的经验教训，认真分析当前的现况，发现自己身上的不足之处，从而能够查漏补缺，在不断的挫折与失败之中发现自己更应当完备之处，直到你这把宝剑被对手们磨得锋利无比为止。而到那个时候，你将不再是一位失败者，而是借着自己的失败而获得成功的聪明人。在这整个的过程中，是对手带给你了失败，而最终又是这失败成就了你最终的胜利。

当那些平庸的人们还在为缺乏经验的失败而苦恼时，你却因为能正确对待对手的“刁难”而积累属于自己的经验，从而能够微笑着思考出失败里面蕴含的宝贵财富，然后跃然进入下一次的比拼。在吃一堑之时，你没有和那些因为失败就变得唯唯诺诺，瞻前顾后的人一样，反而将此当作是对方送给自己的一个礼物，在其中你可以发现自己的缺点与不足，进而充实自己的“储备库”，制定出更加完备的方案来应对接下来的挑战。就这样，一次又一次，你内心越来越丰富，意志越来越强大，思维领域越拓越广，最终，你发现你已然变成一个金库，一个宝藏，而这些所有的财富却是你在与对手竞争之时遭遇的挫折与失败的经验总结中得到的。

不要害怕在与对手的竞争中遇到挫折经历失败，因为只要你有一颗坚韧的心和一个善于分析的头脑，就可以从这些挫折和失败中发现成功所不能赋予你的宝贵的财富。

4. 是你将我拉回了战场

退隐江湖，金盆洗手是一件快意十足而且潇洒无比的事情。这代表了一种境界——心静如水，对这个世界的感觉他已经到了“也无风雨也无晴”的境界。也许是他认为自己早已功成名就，再也没有什么可以追求的，换一种说法就是已经功德圆满，再也无欲无求。大多退隐江湖的人都是怀着这样已经“足够”的态度，对未来怀着一种再也无所谓的放任心态。

但是，纵观历史，我们谁可曾见过天下霸者有人言退？无论是魏武帝曹操还是汉武帝刘彻都没有说过自己要离开天下和江山而要去退隐山林。他们永远有一个更大的目标让他们退而复返，让他们恋恋不舍。打下了东北，不够，还要去打江南，攻下了江南，又要剑指全国，最后再统一天下。这样够了吗？刘彻说：“不够！天下之大，我们外围还有匈奴，卧榻之下岂容他人酣睡，还要再战。”

如果说人生就是一场漫长的征途，那么真正的强者是应该永不言退的。这既是因为“江山如此多娇”，人怎舍得弃之而不顾，同时另一个原因又是因为在漫漫的竞争之路上不同对手的不断地涌现，那强者怎能甘心屈居人后，就此被吓倒而收手。毕竟，并不是每个人都是佛学大师，我们最终还是生活在尘世间的凡人，没能有“出世”以及“虚空”的觉悟，我们从出生就注定有凡人的渴望——变强，超越。也许有人还年轻时，还能够天真地以为自己可以逃脱世外，好好过自己的普通生活。那时人还尚且原始，还没有领略过“江山美人”这壮美瑰丽让世人垂涎三尺的景象，所以总是自我满足地在自己的那片小小的天地间流连忘返。这种做美梦一般的舒畅感迟早会消逝，因为人总会走出自己的天地，去接触天下的广阔。正所谓“江山如此多娇，引无数英雄竞折腰”。既然是英雄，那怎能不对这天下有所渴望，有所欲求。

但是如果你还没有对江山产生兴趣，这不是因为你不是英雄，而是因为你尚且还没有遇到一个对手，你还缺少那么一个合适的争夺者把你拉进这滚滚江山的画卷之中。但凡有一天，英雄的生命中出现一个强劲的对手，一个唤起他对“征服欲”渴望的人，英雄便会开始苏醒，睁开眼睛发现自己置身的世界是那么美好，美好到让人想要拥有，想要占有。一场关于“江山美人”的争夺战就此开始，一个血雨腥风的时代也就此到来。

现在，置身于更加复杂社会中的我们，更大的难题变为对自身的挑战，对自己生命中遇到的各种困难的挑战。我们在社会中要获得一席之地，在与对手的竞争要处于有利的地位，就要一直面对各种各样的对手的带来的不同类型的挑战。但是千万不要只是将其当作一个竞争者那么简单。至于你，他就像是天龙八部里慕容博之于萧远山，就像三国演义里司马懿之于诸葛亮一样。

若萧远山没有遇到慕容博，那么，他将会是南方的霸主，自觉天下第一，再也不问武林之间的任何事，他也就是不会处心积虑地安排萧远山经历那么多苦难，也不会耗费心力继续钻研变强密码，最后找到扫地僧。

若没有司马懿，诸葛亮也许会觉得自己的命运长远没有尽头。是司马懿的出现激起了诸葛亮的斗心，让他觉得这天下还是有那么一个人怀着和自己一样的心在奔驰，在雀跃，在努力。司马懿的出现让他们亦敌亦友十余年，铸就了三国后期的佳话，也让诸葛亮的思维飞跃，妙计连连。否则，诸葛亮的心智也许将永远地被那个不成气候的后主刘禅磨死，最后郁郁终老。

是慕容博的挑战激发了萧远山的斗志，是司马懿的出现照亮了诸葛亮隐藏着的聪明才干。所以，在你的生活中，必然也应该出现那么一个人，这个人是你的敌人，是他妄图打败你，夺走你想要的东西。另一方面，他又可能是你的恩人，因为正是因为他与你的竞争，才让你有了对胜利的渴望，对未来的信心。身为一个强者，你应该正视自己承受的压力，正确看待自己遇到的对手。你不应该惧怕他，反而应当感谢他，感谢他为你带来了所谓的威胁，正视这些你遇到的侵略性的威胁让你重新有了生活的动力，让你的生命又迸发出了新的活力。你不应当再满足于当一只自己有限天空里的“小小鸟”，而应当飞出那片狭小的天地，在更广阔的蓝天里寻找更强大的对手，战胜他，战胜你自己，从而实现自己生命的涅槃，变成一只真正的雄鹰翱翔在天地间。

你若要踏入乱世，必然会经历失败。这种失败的原因有可能是因为自己时运不济，所有的行为所有的努力都被外界各种因素所打压，不能有效发挥，也可能是来自自己内部，即是因为你本身实力不足，或者缺少必要的准备和条件，从而被对手打败了。最后，由于接连的失败以及不断的挫折，你开始退缩了，毕竟战场无情，它像是一头洪荒巨兽，不带一丝怜悯地将弱者吞噬，残酷难忍的现状让你不再愿意踏入这个战场一步。

这个时候，一个对手对于你的意义就变得显而易见了。他们是对手，是强者，他们享受竞技以及与人对抗的乐趣。你退却了，他们却不一定“允许”你这样做。若你是一个好的对手，他们必然会竭力留住你，他们会想方设法地让你再次站起来，再次投入这个战场，因为在争天下的过程中，若是没有了你，那就少了一分精彩，失了一样证明。所以他们不断地拉你，又不断地继续向你施压，让你无暇他顾，让你没有时间自怨自艾，你唯一的解决办法就是回去。回去，像个真正的强者一样，继续投入“战斗”!

你终于能够再次挺起胸膛，回到这个战场。你整理自己的心情然后最后打败了强劲的对手。接着，便是那漫天的鸿篇在歌颂你的事迹，在传颂你那坚忍不拔的品质。而你则深深地感慨，若没有对手的一路追赶，我又怎么会再回来？若没有他一路上的进步，我又怎么会有今天的进步？若没有他一路上的斗争，我又怎么会有今天的实力？在那个时候你最愤恨的是自己的对手，而在你功成名就的现在，你最感谢的也是你的对手。因为是他把你逼到无路可退，让你重新回到这个纷繁的乱世战场，让你重整旗鼓，再次出发再次挑战再次创造，让你最后迈向成就伟业的道路。

把这些对手当作是上天赋予你的礼物，是他的强大使你有充实自己，提高自己的决心。是他们与你的竞争勾起了你的好胜心以及继续竞争下去的毅力。没有他们，你也许永远只是不识庐山真面目的“井底之蛙”。没有他们，你也许永远也不会有现在这个强大不怕挫折的自己。是他们在你丧失希望以及继续斗争下去的勇气的时候将你拉回战场，让你有机会能够重整旗鼓，建立信心，夺取最后的胜利。所以，让我们感谢他们吧，这些可爱的对手们！

5. 让强者之强变成你的新武器

没有哪一个强者是在一开始就强悍无比的。他们总是在一次次的比拼中进步，他们总是在一次次的失败中前行，在一次次跌倒中取得经验，走向成功。

“人们总是无数次地问起我这样的问题：‘你究竟是如何成功的?’我想告诉他们的是——我总是一次次的失败，然后，我就成功了。”NBA 著名球星，绰号篮球之神的迈克尔·乔丹在他第一次获得 NBA 三连冠时如是说。可以说是失败造就了这样一代球神的成功。

我们都能看到的是乔丹风光无限的两个三连冠和他在整个 20 世纪 90 年代的统治力以及影响力。但在这些背后，我们看不到的是，从 1984 年乔丹第一次进入 NBA 联盟开始到 1991 年第一次夺冠这 7 年时间里，他承受着怎样的失败折磨的压力。他必须面对统治 80 年代的强者们——魔术师·约翰逊，“天勾”贾巴尔，“大鸟”伯德，“微笑刺客”伊赛亚·托马斯。这些名字，成为了乔丹一辈子的伤痛，他们在乔丹的人生历程中，代表的永远都是强者以及胜利，还有自己的失败。

在 80 年代，虽然乔丹自入联盟开始就蝉联荣获了得分王的殊荣，可是，却在季后赛上连连落败。第一战，就是连续败给了伯德领军的波士顿凯尔特人。那时候，乔丹虽然以手突破暴扣冠绝天下，但是在跳投领域还没有什么建树。而伯德在那时已然是当时联盟三分王，跳投技术横扫联盟。而后，虽然乔丹又连续三年输给了他，但是他每一年的跳投与射程都会进步一点，直到 1988 年，乔丹终于淘汰伯德进入东部分区决赛，因为已经是一位百发百中的神射手了，特别是以一手后仰跳投独步天下。

在这之后，乔丹又连续三年败给了“微笑刺客”伊赛亚·托马斯。这个时候的乔丹在进攻方面是无可挑剔的，任何一项技术在联盟中拿出来都是首屈一指。可是，联盟里一直有一句老话——进攻赢票房，防守赢冠军。虽然乔丹在进攻时可以遇佛杀佛，可是还是败给了托马斯领军的以防守见长的底特律活塞队。接下来的三年里，乔丹开始有针对的训练自己的防守技法，他和他的公牛队每一年都在进步。1989 年，他获得了联盟最佳防守球员。而尔后的联盟最佳防守阵容竞选中，乔丹也是当仁不让地年年入选。

试想，乔丹若是不遇见伯德，他也许永远不会考虑去练就一手跳投的功夫；若不是遇见托马斯，他也许永远不会寻思成为一个联盟最可怕的防守者。

真正强劲的对手，最可怕的也是最可敬的地方就在于他永远能用你所想象不到的方法打败你。但是也只有这样的人，才有成为你的竞争对手的资格。因为只有选择这样的人成为你的对手，你才能从他身上学到更多你当下没有的东西。从而让对手的强变为你前进的动力，进而帮助你取得最后的胜利。

在社会中，存在很多人，他们在某些领域取得了一些成功，但是之后却再没有更多建树。那是因为在他们的事业领域中缺少一个比他们更加强悍的对手。这种强者对手的缺失让他们看不到自己身上的缺点，从而固步自封沉浸在自己有限的领域里而丧失了追求完美的信念。

很多时候，我们自己并不能意识到在我们在身上到底缺少什么。我们总是在手握一种特殊的能力与才华的时候忽略掉自己还不具备的。或者，总是在拥有某种东西的时候就疏忽一些还不曾掌握过的。这个时候，唯有那些强者才能提醒你你所缺的是什么，而只有被强者击败时，你才能意识到你手上缺的是什么。

使强者之强真正转变为自己的武器，在实际问题的解决中，我们来思考这样一个问题：具有同样的会计师资格，同样的学历的两个会计师去应聘，人事部会选择哪一个呢？

分析一下这个状况——他们都拥有相同的敲门砖：学历和资格证。这个时候，较为年轻的一方说："我还年轻，许多东西都可以学，而且精力精神记忆力方面我都有较大的优势。而经验各方面都是累积出来的，我相信我能够做好。"而较老的那位会计则面无表情地说："请你们给我一份报表。接下来我要做的是把这份报表用一个全新的计算方式来重做一次，我相信这一份重做的报表将会更加符合您的商业利益。"

最后，较为年老的会计师被录用了。

年纪轻的那位会计师有和老会计师一样的会计资格，一样的学历。但是他为什么没有被录用呢？他缺少的经验以及工作经历仍然可以在实际的工作中去学习，去累积。并且由于他还年轻，充满活力，头脑灵活，工作效率应该不会比年老的会计师低，甚至可能会远远高于他。这其中最主要的问题是他只看到了自身的优点而没有看到对方的长处。那么在接下来的过程中，他终于发现了自己的疏忽，并认真反思年纪较长那位会计师的话，明白自己身上欠缺的是对具体工作技能的掌握，以及对公司价值与利益的再创造。所以根据这些，他努力提高自身的职业技能，并且潜心研究更新的方法来最大可能地缩短工作时间以提高工作效率。结果在下一次的公司招聘中，他以绝对的优势得到了一份更好的工作。

在与对手的对抗中，看看那些和你在同一领域却比你优秀的人们和你有什么不同，他们在用着怎样的绝招在和你竞争。然后展开学习，借鉴。把对手的方法化为己用。就像是，在一开始徒手与一个拿着刀的人打斗，你被打败了，割伤了，然后你就开始懂得了要利用武器，使用武器。而在这个过程中你所需要懂得的不只是知道用刀，学会用刀，更重要的是从中总结出奇制胜的方法，即是多利用那些总是打败自己的对手的武器来武装自己，使自己在能够掌握对手的长处的同时又胜券在握的发现对手的短处，从而在接下来的战斗中一举将对方消灭。

在以往，有很多人在面对强者的时候往往只是知道傻傻地抗争，然后莫名地失败。而从不会去寻思这些人身上的闪光点以及可用之处。他们被打败，然后自怨自艾。他们不懂得思考强者为什么会是强者，他们凭借什么来打败自己。

作为一个将要在未来做一番事业的你，不能在这个节骨眼上犯这种错误，你必须首先看到那些强者身上的闪光点，然后再慢慢地将其吸取为自己所有，将对方手中的利刃变为自己所掌握的武器。唯有这样，你才能在成功的路上劈荆斩棘，克服那些区别化的困难，最终获得胜利。

所以，当你面对着一个强者的时候，不必胆怯，尽量大胆地去和他竞争吧。不要害怕失败也不要害怕挫折，而是在与对手的交战中去发现对方强大的原因，然后将你的对手的优点化为自己的武器，在一次一次的试探、失败、再试探的循环往复中，不断充实自身的积累，而当你终于在一次次的失败与借鉴的过程中打败了对方，取得胜利的时候，你得到的将不仅仅是成功的喜悦，还有一个更完备，更强大的自己。是对手的强大锻炼了你的胆识，是对手的优点弥补了你的不足。你身上那些让人闻风丧胆的武器原来都是在同对手竞争知识“夺”过来的，现在你又用他们打败了对手。这样的你，才是一位真正的强者，一个真正的赢家。

第六章

为自己匹配CPU

如果满分是 100，你给自己和你的对手分别打多少分？在你陷身于与其对立的状态时，你有没有转换视线对自己进行过一番审视？你的优势有哪些？你对自己能掌控多少？什么可能成为你失败的软肋？什么可能使你错失成功的机遇……适时地评价自己，为自己打造属于自己的最完美的中央处理器！

1.

你对情绪的控制力有多少

《孙子兵法·九变篇》在讨论为将之道时指出，作为统帅一方的将领，如果只知道蛮打硬拼就有可能被敌人诱杀；贪生怕死就可能会沦为俘虏；急躁易冲动就有可能被敌人刺激而轻举妄动；清廉自好，重视名声，就可能被敌人侮辱导致失去理智；行妇人之仁，就有被烦扰而陷于被动的危险。凡是全军覆没，战役失败的，无不因为将领拥有了这五种致命的缺点。

我们的古人早在几千年前就已经告诉我们，要想取得成功，必须能够理智地掌控自己的情绪。收放自如地控制好情绪，不仅代表了理性的情感表达，更是在与对手的攻防拆打中的一种重要武器。

善于控制情绪的人在面对对手时，旁人是无法察觉到他心理的变化的。即便局势已经处于悬崖边上，他也能淡定从容地应对一切棘手的问题，而往往事情的转机就出现在这一时刻。相反，若是一个人喜怒于形，稍加压力就情绪失控，他的正常水平永远只能打着折扣地发挥，无论拥有多大的能力，面对竞争，他胜利的可能性都会缩水。

卡耐基的《人性的弱点》中有一篇经典的文章：有一个人要参加选举，他自身也算是拥有一定的能力，年纪轻轻就已经在政党之内崭露头角。有人将他引荐到一个经验丰富的政界前辈那里，这个年轻人渴望能够得到一定的指点，并且想要知道如何才能得到民众的支持。这个前辈同意了他的请求，不过却提出了一个条件，就是在他们对话的过程中，这个年轻人无论何时也不能打断他的话语，一旦违规了就要支付给他五美元。年轻人对这个条件欣然接受，他自认为是一个懂礼貌有修养的人，这样的条件难不倒他。这个前辈开始了与年轻人的对话，他首先告诉年轻人，要想获得成功，第一条要做到的就是即使听到别人对自己的诽谤或者侮辱，绝不可以表现出愤怒。年轻人赞同地点了下头，并回答说他可以做到，因为他毫不在乎别人的评价，所以无论别人说什么他都不会生气。前辈继续说道，虽然他自称能够做到这第一条经验，但是对于像他这样一个流氓当选的话……他还没有说完年轻人就立刻打断了他的话，试图反驳。在前辈要求他支付五美元之后，年轻人自言自语道：这只是一个教训而已。然而那个前辈却说，这确实是一个教训，却也是自己真实的看法。年轻人再度打断了他的话，质问道他何出此言。前辈的回答是再支付五美元。年轻人后悔莫及，又不甘心地说到：这十美元赚得也太容易了。没想到前辈却要他先支付了钱之后才会继续与他的交流，因为人人都知道这个年轻人非常爱赖账。这下年轻人彻底地生气了，甚至对前辈出言不逊。而他得到的回答是：再支付五美元。这时年轻人不断告诉自己，要控制好自己的情绪，一定要记住这只是个圈套。政界前辈说到：其实他刚刚所说的话并非本意，他也认同这个年轻人是非常优秀的，真正令人不齿的是他的父亲才对。年轻人立刻又爆发了，甚至想要同这个前辈大吵一架。然而这个前辈在此时却说到：现在为止，已经不再是五美元的问题了。他要年轻人记住，在选举中，每一次愤怒或者因为对手对自己的侮辱而生气时，就会有选票不断地离开他了。对于一个竞选的人来说，选票永远比钞票要更值钱。

如果没有这一场对话，那么这个年轻人在选举时面对民众的质疑，必然会暴露出冲动易怒的弱点，可想而知，没有人会愿意将选票投给一个连自己的情绪都无法控制住的人，在与对手的竞争中，他会在应对反对声的第一刻就落下阵来。这样的人连一点小小的否定都无法从容面对，又怎么可能处理好政界复杂多变的问题。当面临一个人人都了解其艰巨性的社会问题时，虽然明知当下要克服多少困难，一个冷静的领导者总会让你感到心安，而当领导的人都失控的时候，局势只会更加混乱。在任何时候，能够控制好自己的情绪的人都会得到更多的信任。所以，无论你面对着怎样的对手，只要你能够把握住自己的头脑与心理，抵制住不稳定的情绪对你的影响，你就会很容易地发挥出自己的水平，“骤然临之而不惊，无故加之而不怒”，这是一个成功者的必备条件。

当然，生活中既然有挫折和烦恼，人就不可能永远处在积极的情绪当中，总是会有负面的情绪产生。但是我们所说的心理成熟的人，并不是不会产生消极情绪的人，而是像那位政界前辈所说的那样，是能够把握自己，善于调节和控制自己不好情绪的人。

小孟在公司里人缘很好，他性情温厚、待人和善，几乎没人看他生气过。尽管工作上的成绩不能名列前茅，但是再紧急的时刻，他都能够冷静地提出自己的应对计划，面对别人的诋毁，他也只是一笑置之，让时间将事实摆在大家面前。而小冯作为全公司最有能力的员工，拥有最多的客户最大的订单，但是每当关键时刻，他就表现得手足无措，词不达意，常常令人跟着捏一把冷汗。项目经理调去分公司之后，新一任经理毫无异议地由小孟来担任了。

小冯对这样的结果自然是很不服气的，有一次从小孟家附近经过，顺道去看看他，却发现他正在顶楼上对着天上飞过来的飞机吼叫，小冯好奇地问他原因。他说："我住的地方靠近机场，每当飞机起落时都会听到巨大的噪音。后来，当我心情不好或是受了委屈、遇到挫折，想要发脾气时，我就会跑上顶楼，等待飞机飞过，然后对着飞机放声大吼。等飞机飞走了，我的不快、怨气也被飞机一并带走了！"

原来这个出了名的"老好人"之所以能够控制住自己，是因为他知道如何适时宣泄自己的情绪。如果我们只是一味地压抑心中不好的情绪，这样非但不能解决问题，还会使自己时时处于紧张的状态而无法得到缓解。

情绪的强大影响力可为我们带来伟大的成就，当面对对手时，帮助我们理智地较量，但是如果不能加以控制情绪，就可能导致失败。如果你正在努力控制情绪的话，可准备一张图表，写下你每天体验并且控制情绪的次数，当你紧张、低落、激动的时候，都可以进行一下记录。写下引起不良情绪的因素，不断告诉自己放轻松，默念这些都没什么大不了的，让自己尽量的变得豁达与平和。久而久之，从前那些会刺激你情绪的因素，便被慢慢地淡化了，而你也变成了一个善于控制自己的人了。

另外，把自己的爱好和业余活动当作本职工作一样认真对待，并同样引以为豪。现在，很多人认为只有自己事业上的成功才是真正的成功，所以这部分人只有在事业上受人瞩目时才看到自己人生的价值，而一旦工作上遇到一点挫折，就变得垂头丧气，恼火不已。但是如果我们转变价值观，将眼光放得更开阔些更长远些，明白工作之外的很多事情都能衡量你的人生价值，那么在你之后遇到麻烦的时候，就不会像以前那么狭隘，而是容易保持一种乐观的态度。

这个世界不会事事都如你所愿，你的对手也在不停地向你施加着压力，只有加强对自己情绪的控制，才能让你更好地面对这个充满了刺激与挑战的社会。学会转移自己的注意力，告诉自己知足常乐，将目标放得切实可行，时刻提醒自己放轻松。纵然有磨难，有挑战，有反对，做自己情绪的管家，别让情绪控制了你。给你现在的控制力打一下分，给自己时间调整方法，当你能够收放自如时，你会发现对手原来不过如此。

2.

警惕无时不重要

美国康奈尔大学曾经做过一个著名的实验：试验人员把一只青蛙投入沸水中，青蛙立刻感到了危险跳了出来。之后试验人员又把同样的这只青蛙投入温水中，但是却从锅底用小火慢慢加热。刚开始的时候，青蛙并没有感觉到不适，所以悠然自得毫无戒备。但是，水温逐渐升高，而在这种缓慢的温度变化中，青蛙并没有感受到危险。直到最后水温已经足够高的时候，青蛙在水中已经再没有了脱离困境的能力。就这样，一只活脱脱的青蛙就丧命在滚烫的水中了。

这就是著名的“温水煮青蛙”实验。就理论而言，沸水比温水危险得多，青蛙在沸水的情况下受到刺激大，逃脱难度也会大，而温水要达到沸腾还需要一个过程，青蛙有足够的时间逃生，生存的几率应该更大。但实验却证明，青蛙没有死于沸水而死于温水。那么实验中的青蛙究竟是怎么死的？到底是什么害死了它？原因十分明显，是这只青蛙对环境的不同反应，直接导致了它生死不同的命运。

青蛙用它的实际表现告诉了大家，潜藏于舒适环境、安逸状态下的危机，往往被表面美好的假象所掩盖，不易被察觉，缺乏了警惕意识的后果就是在危机爆发时，措手不及自食其果。

生活的道路，犹如伴随着风雨和泥泞的坎坷旅途，我们总是向往旅途中多一点鲜花和阳光，因而会不断地去努力和追求胜利的圆满和喜悦。胜利是我们一路向往的目的地，又是我们开始新一段旅程的起点，但是总会有人沉浸在祥和美好的短暂胜利中不能自拔，当环境悄无声息地发生着变化的时候浑然不觉，最终跌倒在自己的美梦中。

警惕无时不重要。每个人的生活都不可能永远一帆风顺，坦途与荆棘、顺境与逆境，常常交替出现。聪明的人们绝不会轻易地放松自己敏感的神经，时刻保持着对外界灵敏的警觉，他们懂得战场上没有常胜将军，保持警惕、居安思危才能步步接近成功。那个追求卓越和不凡的你，一定有颗清醒和警觉的头脑，因为这样，才可以使自己的大脑变成那台性能更加优越的 CPU。

生活中充满了风险和挑战，提高警惕，就是要增强忧患意识。如果你此刻身体健康，你就要想想是否会得病，是否会受伤；如果你此刻沉浸在成功的喜悦当中，你就要想到你也可能会遭遇失败，有可能会承受打击；如果你现在生活富裕，你就要想想这些钱财会不会有一天丢失，你会不会过上贫困的日子。警惕一切可能会使我们陷入险境的可能，这些可能，甚至会是我们的优势、是来自周围的赞美。

三个人约好了要一起出门旅行，他们决定分兵行动，选择不同的路线到达目的地。但是由于准备不足，他们三个人只有一把伞和一根拐杖，天气预报说将会有雨，所以他们不得不分配一下这仅有的工具。年纪最大的那个人主动将伞让给了年纪最小的那一个，拐杖则留给了另外那个人，自己空着手就出门了。果然不久后天就开始下起了大雨，所以他们到达目的地的时间比预定好的时间都迟了一些。当他们汇集到一起之后才发现，带着伞的那个年轻人反而是被雨淋得最湿的人，拿拐杖的那个人竟然扭到了脚，只有那个什么都没有带的年龄最长的人既没有被淋湿也没有扭到脚，安然无恙地到达了目的地。

这两个人都非常地不解，自己带了雨伞和拐杖，还被雨淋湿了衣服被泥沼扭到了脚，为何他偏偏一点事都没有。这个时候，年长的人问带伞的那一个一路的行程，他回答道：雨下起之时看到自己有伞，于是就没有找地方躲雨，继续在雨中前进，衣服也就被雨打湿了。年长的人又问带着拐杖的那个人是如何走来的，他回答道：他带着拐杖，所以就不惧怕泥泞的小路，可是没有想到竟然滑倒了许多次。

年长的人此刻笑了起来，看来没有伞只好找地方避雨，没有拐杖只好专挑好路走的我还要感谢你们了，你们的失误恰恰是你们自以为拥有的优势啊。

缺少了警惕，即使拥有再多优势都只能将自己送入对手的脚下。“淹死的都是会水的”，一个不会游泳的人，是不会到大海里游泳的，敢于到大海中搏击的人都是游泳好手。正是那些游泳好手，由于放松了对危险的警惕，所以常常被汹涌的海浪所吞没。我们很容易因为自己的缺陷而小心翼翼、提高警惕，因为是优势而大意、放松，倏忽间，优势变成了负累，成了我们失败的诱饵。因此，要能够提高警惕，就一定要客观地看待自己的优势，牢记自己的不足。

提高警惕，居安思危，就是要我们对环境时刻保持警觉，并随时做出相应的反应。在充满竞争和挑战的社会中，我们被无处不在的危机包围着，警醒地面对生活，你才不至于被突如其来的状况弄得手足无措。斑马知道只有跑得快才能逃避猛兽的捕食，所以它时刻准备好奔跑；树木知道只有根扎得牢才能顶得住暴雨狂风的侵袭，所以在它还是一颗树苗的时候，就一直奋力地将树根向土壤的更深处伸去。动植物尚且知道在安逸的条件下保持对危险的警觉，为避免突然的风险做准备，我们是否也要抓紧时间，时刻警惕周围的变化呢？

楚王收到了别国国君送来的一位美女，并且非常地宠爱她。楚王的夫人郑袖很嫉妒这位美人，于是装出十分喜爱这位美人的样子，待她就像亲姐妹一样，但凡有好的东西就往美人那里送，两个人相处得十分融洽。而楚王看到以后，也对郑袖的表现十分满意，认为自己的夫人是一位识大体懂忍让的人。就这样一段时间之后，郑袖看所有的准备都已经很充分，而那位美人也对自己放下了先前的戒备，所以有一天她偷偷告诉美人：“大王对你的美赞叹不已，但美中不足的是，他觉得你的鼻子不太漂亮，如果你以后和大王在一起时，略微掩饰一下鼻子就好了。”面对待自己亲如姐妹的郑袖，这个美人对她的话没有任何的怀疑。从那天起，只要见到楚王她就会用袖子遮住自己的鼻子。她这样的举动让楚王非常地诧异，于是问郑袖说：“为什么美人现在一见到我就会掩住她的鼻子?”郑袖故作不情愿地回答说：“她曾经私下告诉我她非常讨厌大王身上的臭味。”楚王听后勃然大怒，命人割掉了美女的鼻子并将她直接驱逐出去了。可怜这位美人至死都没有明白遭此厄运的原因，因为她早就在周围的夸奖和赞美中沾沾自喜，失去了警惕。

迈克尔·戴尔说过：“我有的时候半夜会醒，一想起事情就害怕。但如果不这样的话，你很快就会被别人干掉。”有些人听到这句话可能会觉得戴尔是胆小鬼，总是害怕莫须有的事情。但是其实这句话恰恰证明他是一个有见识，有阅历的人。只有有了丰富的人生经历，才会有在安定中发现潜在危机的意识，也是因为戴尔的这种危机意识，才铸就了今日戴尔电脑的辉煌成就。所以人要时刻保持警惕，学会居安思危。

我们需要的就是这种忧患意识。只有时时警惕自己会有的危险，才会提早有所准备，才不会面对紧急状况措手不及。华为总裁任正非说过：“华为总会有冬天。准备好棉衣，比不准备好。”这正是因为企业领导有危机意识，并且总是能从表面的稳定中发现隐藏的问题，所以企业才总是能够及早发现环节中的疏漏点，从而在事态变得不受控制之前将其解决。

没有危机意识的企业，最终面临的必定是灭亡。一个没有危机意识的人，总是沉浸在悠然自得的安逸生活中的人，等待他的必然是不幸。我们要始终提高警惕，即使是在被鲜花和掌声包围的时候，也要总是扪心自问，现在所有的这些对自己来说是不是就是最安全的，有没有什么问题是自己还没有来得及发现。与其做一只总是睁开眼睛睡觉的猫头鹰，也不要做一只在温水中丧失警惕性而一命呜呼的青蛙。

3. 机会，把握住

世界上最可悲的一句话就是："曾经有一个非常好的机会，可惜我没有把握住。"遗憾的是，几乎我们每一个人都有过这样的惋惜。其实机会对我们所有人都是平等的，它随时都可能会降临在我们身上，但把握机会的前提是：在它到来之前，你要做好准备，因为机会只会垂青有准备的人。

很多时候，人们会为了错过机会悔不当初，他们通常会埋怨自己当时为什么没有果断抓住机会。但是机会永远不会重新来过，如果你不想后悔，那么就请在每一个机会出现的时候，牢牢地把握住它。

但是，你永远不知道哪一个石头丢进海里会掀起大风浪，永远猜不到机会会在哪一个拐角闪现灵光。所以，我们的生活便要时刻做好准备，走在人前。那些慵懒地坐在角落等待机会垂青的人，是永远都无法真正地把握机会的。因为当机会来临的时候，他们甚至都不曾发觉，只会一味地抱怨为什么在和对手的比拼中，每次都是对方占尽了先机。他们不知道，为了这先机，他们的对手早已经提前开始了准备。

小李、小王、小张同是某合资公司的白领，一年前，三人同时通过招聘进入公司，在入职后的工作中都取得了不错的业绩。按照公司制度，他们三人综合绩效都已经达到升迁加薪的标准，然而，上司却始终没有一点表示，甚至连口头嘉奖都没有。小李觉得自己工作做得这么好却没有得到上级的赏识，如果能有机会在老总面前展示一下自己的才干就好了。小王则主动地去打听老总上下班的时间，算好他大概会在什么时间进电梯，并希望可以遇到老总，有机会可以打个招呼。小张则更进一步，他在详细地了解了老总的背景、经历，弄清老总的喜好和交往特点以及关心的问题之后，精心设计了几句简单但却有分量的开场白，在算好的时间乘坐电梯。跟老总打过几次招呼之后，终于有一天，小张有机会跟老总长谈了一次，很快就争取到了更好的职位。

你看，同一件事情，有人坐等机会，有人善抓机会，有人则选择创造机会。成功往往更垂青那些做好准备的人们。

一家公司马上要和一家跨国企业进行关于合作的谈判，各种材料都已准备就绪，日期也早已定好了，但是这个时候负责谈判的销售部经理因为一场车祸而躺在了医院。紧急状况下公司决定让这个经理的助手代替经理进行谈判，在谈判之前，董事长对这位助手说：如果这份合同你能够拿下来，那么公司就会更加倚重你，你也看到了，这次经理受伤十分严重，只要你表现良好，我们董事会就会考虑把经理这个位子让你坐。

助手兴奋极了。但是，当谈判进行到第二天，对方公司就中止了这次合作意向。原来，被兴奋冲昏了头脑的助手完全没有以一个谈判代表的角色在谈判之前进行必要的准备。他不知道对方派出了几个人进行谈判，也不知道对方参与谈判的代表有什么样的性格特点有什么样的特殊需求。而所有谈判的前期资料都保存在还在医院养伤的经理的电脑里，没有他本人的允许，根本就得不到。所以，谈判从一开始就进行得相当不顺利。对方公司认为，只是这些最基本的事情你们都没有做好，那么如果真的签订了这份合同，把这么重要的项目交给你，那你怎么能把它做好呢？结果，这位助手不但没有坐上销售经理的位子，而且连原来的职位也没有保住。

所以，对于做好了准备的人来说，机会是通往成功的捷径；但是对于那些缺乏准备的人，机会却像是一颗糖衣炮弹，让你尝到些许的甜头麻痹自己，最后再给你致命一击。上帝总是在为我们创造机会，但却并没告诉我们该怎样去赢得机会。所以机会来临的时候，没有做好准备的人照样抓不到它。

不要总是想要等到机会来了再要努力。我们永远猜不到机会会在哪一个动人的时刻降临，我们甚至不能准确判断在我们所做的事情中，究竟哪些是必要的，而那些根本就是无关的。但是现在，我们所能做好的就是尽力地做好每一件事情，步步为营地打下每一个与对手竞争的基础，要知道，你的一个松懈，就有可能把胜利的希望拱手让给那个你视若敌人的对手。机会，在你丝毫没有觉察的时候已经被对手牢牢抢去了。

人才招聘洽谈会上，每个前来应聘的人都忙于将自己的求职信投到自己所期望的招聘摊位上。在一家公司的招聘摊位上，应聘者的简历堆成了一座小山，招聘的考官没有办法，只有先中断招聘，停下来把简历整理好。这时候，一位年轻的应聘者走到考官面前，提出来要帮忙整理简历。考官想，反正自己也是一时半会没有办法整理完，倒不如让这位年轻人帮自己的忙。所以就欣然接受了对方的帮助。在年轻人帮忙整理资料的过程中，招聘考官随手翻到了对方的简历，认真地看了看，发现这位求职者各方面的素质都是比较优秀的，当即决定要这位求职者来公司试用。旁边的工作人员建议这位考官不要这么鲁莽的就决定最后的人选，但是这位考官却笑笑说：小事往往更能反映和体现一个人的素质，这个小伙子肯定会不错的。你看，就是这么一句简单的问候和帮助，这位求职者就很轻松地获得了工作机会。所以，做一个积极主动的有心人，你会发现机会其实根本不用找。

生活中，人们总是会羡慕那些一夜暴富、突然成功的人，并且感慨自己没有得到像他们那样的机会。但是人们往往忽略了在他们风光的背后，所要付出的努力和艰辛的准备。希望并不是每一个都可以实现，机会也不会随时叩响你的大门，那些战胜对手获得成功的人，都是在前进的道路中积极勤奋的先行者。不要等机会到了才要后悔自己没有足够的能力去驾驭和把握它，不要让改变自己的机会成为对手强大自己的武器。踏实地做好生活中、工作中的每一件事，然后在机会来临时，就紧紧地抓住它。机会永远只会垂青那些做足了准备的人。

成功者的辉煌来自他们的把握，来自他们的自信，还有他们的积累。为什么把握机会使他们充满斗志，赢得重生，获得成功？因为把握就是力量和信心的化身。只要多一分把握就会多一分成功的可能。而只有抓住生命中每一个微小的哪怕是微不足道的机会，才有让理想变成现实的可能。那些只懂得坐享其成，等待机会的人，是始终得不到他想要的那块馅饼的。

现在的你，还在苦苦地盼望着机会吗？那么，请马上去做准备吧，然后才可以在机会到来的时候，牢牢地握住它！

4. 切勿泄露了你的心意

在与对手较量时，守住自己的真实想法是一种战略技巧。当所有人都在绞尽脑汁想办法把对方置于死地时，却往往忘了很关键的一节——保密自己的真实想法。我们常常在电视剧中看到，一项投标中，最终拿下项目的不是准备得最充分的那个人，而往往是在投标过程中掌握对方底价的那个人。倘若没有守住自己的真实想法，就很容易被对方破解，因此，前期做充分的准备固然很重要，但守得住自己的秘密更加重要。不要让这个小环节成为你成功的绊脚石。

商业竞争中没有做好技术保密工作，被对方所利用，最终走向失败的例子比比皆是。1998 年，德国一家化妆品公司研制出一种新型的口红，正当他们打算隆重推出市场时，一个美国人在柏林各大报纸登出招聘广告：公司因拓展业务，于今年在德国成立分公司，需招聘 9 名化妆品研制工程师，并许诺报酬为当时该行业的三倍。此消息一出，在业界引起轰动，专家们趋之若鹜。在求职者中竟有 6 名是曾经参加过上述德国化妆品公司该款新型口红研制工作的专家。在面试中，由于研制工程师们的疏忽，美国人从他们每个人那里分别获得了新产品的部分制造方法，从而轻而易举地获取了口红的配方。而那家德国化妆品公司也因为新产品被美国人破解技术先一步推出市场而失去了竞争力，最终倒闭。

成功与失败往往在一线之间，美国人的成功在于他利用对手的疏忽而把竞争中最关键的一环——技术给窃取到手，而德国化妆品公司的失败则在于没有紧紧守住自己的武器，把技术给泄露出去，才在这场战斗中失去筹码，被美国人渔翁得利，轻而易举地把德国人花费了大量的精力去研制的成果收于囊中。商业间谍，军事间谍正是应商业竞争和国家间军事竞争需要而出现的。很多人不明白美国为何花费那么大的人力和物力成立中央情报局，培养间谍潜入对手的军事机构以获取最新的情报。要想在世界战争格局中能始终保持不败之地必须守住自己的秘密，不让对方有可乘之机。

俗话说，利润多由“保密”酿造正是这样的道理。富豪李嘉诚在谈到他的成功秘诀时说到，企业经营过程中，内部的保密制度十分重要，特别是在商业谈判中，更应禁忌向对方透露自己的底牌和目的。高调做事，低调做人，是李嘉诚的最好写照。尤其在遇到有重大投资决策时，当媒体在捕风捉影传出任何对他们不利的消息时，李氏集团采取一律否认的策略。而在涉及商业秘密时，李嘉诚则奉行“无可奉告”来绕过媒体的追问和对手的刺探，实乃明智之举。公司的企业保密制度明确规定，你的最终期限无论如何都不要让对手知道。因为如果已知道他们的最终期限，对手就完全不需要再知道或不必再面对任何其他东西了，已经被对手牵制住最关键的环节，再挣扎也是徒劳。

有一位商人正在面临一场关乎自己事业前景的谈判。在谈判时，起初他的态度极为强硬，想要用气势压垮对方，不给对方作丝毫让步。谈判人员就步步为营，也没有露出任何退让的意思。谈判就这样一直僵持了很长时间，没有任何进展。偶然一次闲聊的时候，那个老总在醉酒后说漏了嘴，谈到自己很需要完成这笔交易，要是这一个月内还拿不下的话他公司就要垮了。事出必有因，对方公司抓住他这一弱点，立即对他公司的业务情况进行秘密调查。原来他公司近期资金周转不灵，还欠经销商一大笔款项，倘若再不还的话，那整个生产销售环节将无法顺利进行。对手轻易地掌握了谈判的主动权，不论商人怎么变换谈判方法，对方始终不为所动，在价格上坚持一分钱不许少。那个商人自知自己丢掉了筹码，在谈判桌上慢慢失去信心。最后不得不降低价格，而对方以很低的价格拿下了这笔交易。

如果这个商人没有泄露自己的计划，对手也就不会有针对性的进行调查，也就不会掌握了他的弱点。在这一场博弈中，商人输就输在了大意，竟然将自己的真实状况透漏给了对手，试想，兔子都把自己的具体逃跑路线告诉了狼，狼怎么会不在终点处等待美食乖乖的上钩呢？

犹太人，他们之所以成功是因为懂得与对手较量时，采用“真假语言交错法”让对方感到虚实难辨。他们把“防口如防川”作为至理名言，把口守紧了，那就成功了一半。生意场上，互惠互利固然是双方所希望达成的，而在洽谈磋商中，交谈成为了最关键的一个环节。谁先占了先机，那谁就将成为这场商战的胜利者。交谈结果双方的满意程度常常以双方的优势和实力对比为转移。有些人往往会把大部分精力花在通过进攻来谋取主动优势，但这不是必然的。在想办法请君入瓮的同时还要注意防守，以避免自己陷入不利的境地。及时抓住对方在谈话时的缺口巧妙反驳，让对方陷于被动状态，既要进攻也要防守，这样才能达到自己预期的目的。

2004年，正是美也公司发展的高峰期。他们决定在淡季开展一系列的促销活动，通过加大市场覆盖率使更多的消费者接触到产品，放长线钓大鱼，以最终占领市场的较大份额。而这种活动很容易被竞争对手模仿，也容易操作，但一旦被竞争对手抢得先机的话，再去开展也就失去了意义。在整个活动策划过程中，公司漏了关键的一环——强调参与人员的保密意识。然而，在计划进行中，一位员工在在与竞争对手的闲聊中将公司的计划全盘托出，而竞争对手迅速采取行动，使得美也公司的计划落空，非但没有实现预期目标，还因此产生了高额的营销成本。很多时候，人们泄露并非出于主观意愿，但情急之下的疏忽，往往产生的后果是可怕的。保密法则是职场人应该具备的一项基本素质。要知道，商场如战场，很多时候一不留神泄露出来的消息极有可能让对手有机可乘，使得企业陷于被动，甚至因此而破产。

很多人在与竞争对手周旋时常常绞尽脑汁去策划计谋，却不知道以守为进才是最好的策略。做好保密工作，不要轻易向对手透露自己的心意。疏漏了这一环节，前期做再多的努力也是徒劳无功。

括囊，无咎，无誉，这是《易经》中很著名的为人法则。意为闭紧口袋的口，没有危害，也没有赞誉。把口袋扎紧了，意味着口袋内的东西不会泄露出来。不泄露出来，自然就没有损失了。始终留住自己的底牌，不到最后一刻不亮出自己的杀手锏，才能不让对手有可乘之机。只有这样，才能稳稳地牵着对方的鼻子走，这是一种在竞争中生存的智慧。

对手，既是朋友，也是敌人。在荣誉的金字塔上笼罩着太多的东西需要我们来坚守。无论什么时候都不要轻易地向对手把自己的真实想法泄露出去，那样不是坦诚，而是愚蠢。有些话可以说，有些话绝对不能说，尤其在对手面前，我们要留住自己的筹码，切忌透露自己的心意，这样方能守住自己的阵地，战无不胜，百战不殆。

5.
以退为进

在与对手较量时，人们往往会选择一直强硬到底，与之对抗，即使遇到再大的困难，也坚决坚持到底。不服输的精神固然值得称赞，但有时候适当的让步会出现意想不到的效果。韬光养晦是军事战略中常采取的策略。如果说进攻是我们的目的，那么适当的退让则是我们的手段。不仅仅是在战场上如此，在谈判中，学会让步也是制胜对方的重要技巧。谈判强调进退相结合，若想让对方对你让步以满足你的要求，那你必须也向对方作出一小步退让，在满足了他的需求之后他必然也会有偏向性地向你让步。

“将欲取之，必先予之”。在进行谈判时通过自己做出让步，以争取对手的让步，这是谈判桌上惯用的策略。在利益冲突不能采取其他的方式协调时，尝试做出适当的让步也是一种智慧。谈判被称为是“让步与妥协的艺术”。谈判桌上，一个优秀的谈判家必然是个善于让步的人，也必然是个善于向对方施加压力以迫使对方让步的人。正所谓你敬我一尺，我敬你一丈，在向对方做出让步时，应该力争也让对方在另一个问题上向自己做出让步。

退让需要大度与气量，而忍辱负重更是与对手对抗的境界。忍，是一种暂时的退让，是为了更好地向对手进攻。古往今来，这样的例子数不胜数。越王勾践卧薪尝胆，承国破家亡之恨，忍三年奴仆之辱，十年的卧薪尝胆，不是对死的恐惧，而是对生的挑战，不是对失败的屈服，而是为了更好地抗争。最终皇天不负有心人，以三千越甲战胜了对手。正所谓人最强劲的对手是自己，倘若司马迁没有把宫刑之辱放一边，又怎会有鸿篇巨著《史记》的流传于世呢？当我们的能力有限，支持有限时，在自身认为优势不再明显，或许把握不大时，何不尝试让退却变成为下次的进攻良机呢？

以退为进，乃智者之举。适当的自信是可以的，但过分的自信则会给自己带来不必要的麻烦。对手无处不在，有时候不一定是敌对的一方，对手就在你身边。汉高祖刘邦有一次问韩信："将军看我能带多少兵马？"韩信说："陛下带兵最多不超过十万。"刘邦听了当然不高兴了，接着问："那你能带多少兵呢？"韩信说："我和大王不同，我带兵则是多多益善。""伴君如伴虎"，无心之失可能会成为你丧命的源头。虽说韩信当时处在"一人之下，万人之上"的地位，但过分自信，想在刘邦面前表现自己，反而得罪汉高祖，最终落得个被杀的下场。在与人交往中，尤其是推销自己的时候，更应该懂得以退为进的道理，想要达到自己的目标，就不能像过了河的兵一样只进不退，那样只是逞一时之勇的匹夫的做法。在不断的前进中懂得“退”的必要，是和对手抗衡的策略。

在南方某城市，张、李两大商家在诸多电器经销商经过明争暗斗的激烈市场较量中脱颖而出。为了增强市场竞争力，张采取了大规模扩张的经营策略，大量收购、兼并各类小企业，在各市县发展连锁店，而李则采取不动声色，周围的人都为他着急，纷纷出策让他要主动出击了，否则地位不保。而李微微一笑，没有采纳众人的建议。果不其然，张由于过度扩张，造成信贷资金比例过大，资金周转不灵造成破产。而在这时，李终于出手了，他把张的公司给收购，最终李的公司成为该市电器经销界的巨头。一时的急躁只会乱了阵脚，张耐不住性子，急于在占领市场份额上把竞争对手搞垮，却没有看清自己的底牌，以让对手有可乘之机。而李则淡定地静观对手的变化，以不变应万变，适时地出手。事实证明：与对手对战，以退为进智者之举也，并非懦弱。在奋斗人生，搏击商海时，更须三思而行，进退谨慎！

以退为进，是勇者之谋。体育竞技场上，运动员常常采取以退为进的战术。在标枪、铁饼、跳远等体育项目中，运动员们往往先往后退，后退是为了更好地助跑，看准目标，猛然向前发力，在适当的范围内退让，所获得的冲力越大，战胜对手的几率就越大。

退后与前进互为补偿，只要你善于抓住时机并且能够随机应变，这种互补往往会迸发出无穷的力量创造出奇迹。在北太平洋的一个岛屿里，海龟们为了逃避鹰的追捕，必须常常派龟出来巡逻以防突袭。有一天，一只侦察龟出来探路，不小心被出来觅食的鹰发现了。刚好有个游客经过，把它给救下。老鹰见游客帮助海龟，自己又不是对手，于是想到了个计谋，按兵不动静观其变。果不其然，侦察龟出去那么久没有回来报信，其他的海龟以为海岸很安全，于是呼朋唤友地出来晒太阳。而这时好心的游客已经离开了海滩。老鹰偷偷地把其他同伴唤来潜伏在四周的树里，出来晒太阳的海龟变成它们美美的午餐。以退为进，聪明的老鹰假装离开，等待更好的时机下手，却获得了更大的收获。所以说，何时该前进，何时改后退，需要随机应变。

小时候我们常常和伙伴们玩一个游戏，一方把手放在对方的手心里，由对方喊口令，如果被抓住了那就是输了。游戏很简单，但是在一伸一缩间往往还是有很多人被抓住了。如果在听到对方口令时，还呆呆地把手放在对方手心，那等待你的判决将是“这场游戏你输了”，倘若把手往后缩，那结果将会是另一番景象。当你面对对手时，适当地往后收缩，学会静观其变，也是一种智慧。对手面前，退一步并不一定是坏事，而进一步也未必是好事。在进与退中达到一个平衡点，以更好地在与对手的竞争中占领有利地位。退让不是懦弱，不是踌躇不前，不是临阵脱逃，而是蓄势的进攻。在与对手竞争中，在遇到问题时，也许退让会让你看到另一片广阔的天空。

进还是退？这是个两难的决定。在与对手的竞争中，没有绝对的退却，也不曾有绝对的进攻。只有思路的转换、角度的改变和深度的理解方式。给退却一个宽容限度，给进攻一个相应的明确的指引。当我们的进攻受到牵制时，被阻碍时，不妨尝试着退让，在退让中将自己锻炼得更坚强，更能面对进攻！请记住，退让不是害怕进攻，暂时的退让会带来下一次更大的进攻。

6.
创造最佳的“自我遥控器”

心理学家 Viktor Frankl 曾经说过：“最伟大的自由在于人类可以自由选择面对任何情势的态度。你无法控制所发生的事，但你可以控制你的态度，那么你便可以控制改变而不是让改变控制你。”面对困难，面对对手，客观条件无法改变的时候，我们能做的是控制好自己，如果能够配置一个属于你的遥控器，适时地调整自己的状态，那么负面情绪带来的影响就会降到最低点。

奥运赛场上，比赛类型主要分为两大类：控制自我与控制对手。游泳、田径、体操、跳水、举重、射击等这些比赛是在与对方水平相差无几的情况下，自己和自己的较量，只有控制好了自己才能更好地牵制住对手。

中国射击队总教练王义夫多次在采访中谈到，射击项目主场作战无优势可言，东道主选手甚至要受到更大的干扰。主场氛围对队员心理影响的问题更加突出，除了应对观众的热情，还有对手所施加的压力。我们控制不了观众，控制不了对手，只能控制自己。良好的自我控制能力是射击运动员取得好成绩的保证。心理控制不好，受到外在因素以及对手的干扰，很容易出现情绪波动，直接导致行为控制出现问题。

我想中国人民忘不了那一刻，亚洲人民忘不了那一刻。在广州亚运会赛场上，中国女排再次重演雅典奥运会的奇迹。在韩国队 2 比 0 领先的情况下力挽狂澜，夺取了广州亚运会的女排冠军。14 比 12，当球被扣死在中国队的场地上，意味着中国队如果下一球打不好的话，将以2比3溃败在自家门口。中国女排迅速调整好心态，周苏红，这位31岁的老将用跑动进攻和一个发球直接得分帮助中国队把比分追成14比14，在最后关头，韩国女排的心理防线完全被击溃，最后一局中国队以16比14反超，在先落后两局的情况下将总比分扳成3比2，夺得本届亚运会女排冠军。

很难想象在仅差一步就与冠军擦肩而过时，女排姑娘们能扛住压力，一鼓作气把局面给扭转。她们的成功归结于她们强大的心理调节能力。试想一下，如果她们在仅差一球就2比3负于对方的情况下自乱阵脚，自己放弃自己，自暴自弃，那么中国军团宝贵的一枚金牌就会落在韩国的囊中。相反，韩国姑娘们在被中国姑娘2比2打平的情况下，心理防线被击溃，没有稳住情绪乘胜追击，在遥遥领先的情况下惜败给对手。

客观的因素我们没办法去改变，但我们有一件事是一定可以做到的，那就是控制好自己的情绪。任何一个无法制约自己行为，及时调整自己状态的人，绝对不是一个优秀的人。请记住，学会管理自己的情绪，才不会让对手有可乘之机。尤其在遇到逆境的时候，倘若不会对自己的情绪多加控制，那么将会在冲动中做出让自己后悔的事情，并产生不可逆转的影响。

辩论赛与谈判在本质上最为相似，辩论赛在“辩”中对抗，谈判在“谈”中对抗，但无论是辩论赛还是谈判，其中真正在较量的，不是伶牙俐齿，而是对抗双方的智慧、心力和勇气。自我心理控制是实现对辩论赛全面心理控制的首要前提。如果我方心力不强，勇气不振，即使准备得再充分，口齿再伶俐，也很难战胜对手，征服观众。俗话说：“狭路相逢勇者胜。”

一支优秀的辩论队除了有良好的知识基础和理论素养外，还要有超强的自我心理控制能力。在比赛中，难免会紧张，而紧张很容易影响陈述和反驳的逻辑和力度，分散注意力，让对方在陈词中的漏洞和矛盾在自己眼皮底下溜走。在辩论场，双方之间的心理关系十分微妙，而一旦情绪控制不好，则很容易影响辩手的风度，任何一方一旦出现急躁情绪，就会给对方造成可乘之机，导致比赛的心理天平倾斜，一旦急躁则会流露出争吵的味道，这样一来在风度上就输给了对手，要知道，在辩论场上失风度是辩手的大忌。只有从容淡定才能始终保持排山倒海的气势和攻击力，所以，控制好自己的情绪对取得成功非常关键。

正所谓"挫折永远是人生最好的老师"，在2001年举行的第九届全运会比赛中，本有绝对实力取得优异成绩的王霏却输得一塌糊涂，个人最好成绩只取得了单项第四名。很多运动员在一次失败后会从此一蹶不振，但王霏没有。她清楚地知道，失败面前自乱阵脚是最愚蠢的行为。赛后，她找到她的主教练，两个人对这次比赛的表现进行了详细的分析，找出当中的原因，然后制定出下阶段的训练计划。辩证地看待自己的过失，这才是成功者的品质。果然，在经历了第九届全运会的失败后，王霏不负众望，在两年后举行的第十届冬运会中一举夺得速度滑冰女子1500米、3000米、5000米和全能总成绩4枚金牌，从而成为历届冬运会获得金牌最多的运动员。输得起放得下，遇到挫折遇到不幸，告诉自己，在哪里摔倒就在哪里爬起来。王霏正是在对手的不断"围追堵截"中，一次次从逆境中崛起，一步步向着梦想前进。

一个在竞争领域屹立不倒的人，必定是个自制力强的人。他们总是不断地开拓新的领域，愿意做新的尝试，只要能获得新的经验，就不在乎短暂的痛苦和不愉快。新鲜的事物是他们下一个目标，由不知到了解，再从了解到精通，总能迅速适应周围的新环境。而对于新来的人或者比他们做得好的人，又或者是职位和头衔的变动，他们总能泰然处之。从好的方面去看待新环境，适应新变化。随时做好准备调整自己以适应团队的需要，不去为自己寻找借口来推卸责任，把别人用来抱怨的时间用来思考怎样把自己的工作做好，这样的人才能在激烈的竞争中生存下来。

亚里士多德曾说“美好的人生建立在自我控制的基础上”。能够知道自己的弱点在哪里，就能够找到解决问题的办法。知道自己常常因为计较小事而发脾气，那就给你的遥控器上设置一个专门指向这个毛病的按键，当情绪降临时迅速地按下按钮提醒自己，放宽心态，平和面对。知道自己容易被对手的挑衅激起怒气，那就给你的遥控器上增添一个从容大度的按键，当对手想要利用你的这个弱点时，按下按钮把备注在头脑中的冷静的思维释放出来。根据你自身的特点，为自己打造一个专属遥控器，就如同在你的周围竖起了一道围栏，围栏的两边分别是你的缺点和正常情况下的状态。只有立起了这道围栏，才能让你知道什么是阻碍你成功的障碍，什么是你应该拥有的优点。

匹配好属于你的遥控器，让你的对手也尽在你的掌控之中！

第七章

狭路相逢勇者胜

独木桥横跨悬崖，却延伸向两个方向。谁也无法保证自己是唯一需要通过它的那一个，谁也无法阻拦另一方向出现的不速之客。这样的见面，无论对于哪一方来说都是直关生死的，在这种情况下，如何抉择、如何行动，就决定了你的命运。

1.

拿出你的勇气，燃烧吧，小宇宙

相信你一定听过梁静茹的《勇气》，这首曾经流传在大街小巷的歌中有这样一句歌词：爱真的需要勇气，来面对流言蜚语……它之所以能够打动那么多人的心，正是因为他们心中面对爱情时对勇气的渴望。爱情这般甜蜜的关系尚需要勇气来维系，更何况是那个与你要争锋相对的对手呢！

你犯了错，能够坦白承认自己的错误，这是诚实的勇气；你与师长的意见相左，而你却敢于反驳他们的看法，提出自己独到的见解，这是坚持的勇气；当舞台下面人们的目光全都聚焦在你身上，而你却依然能够站在台上安定自若地演讲，这是从容的勇气；在长跑比赛中，你不小心狠狠地摔倒了，但你却可以再爬起来继续向前冲刺，这是不惧困难的勇气……那么，如果现在你面对的是每天坐在你办公桌另一边的那个人，而此时你们两个当中只有一个人能够免于被解雇的话，你要怎么做呢？

当此之时，非勇气不足以战胜对手！

那么，到底什么算是勇气呢？可以说勇气，就是红军两万五千里长征浩浩荡荡越雪山、过草地的坚定意志；勇气，就是古罗马角斗士与猛兽搏斗时勇敢向前的精神；勇气，就是屈原为国投江的伟岸气节；勇气，就是戚继光上阵杀敌的宏伟气魄；勇气，就是贝多芬敢于挑战命运的不屈信念；勇气，就是布鲁诺为真理献身的勇敢之举。

我们崇拜张海迪，因为她敢于和病痛抗争，不放弃生的机会；我们敬爱毛主席，因为他敢于在枪林弹雨中做出拯救国家的正确决策；我们赞赏苏武，因为他孤身一人身在荒漠却不忘民族气节。我们对他们的敬佩爱戴之情，归根结底，都是对勇气的宣扬与歌颂。勇气是一种不可或缺的精神力量，智慧力量。拥有了这种力量，我们就能独自跨越看似难以逾越的鸿沟；拥有了这种力量，我们就能勇敢攀登陡峭险峻的山峰；拥有了这种力量，我们就能克服生活中的苦难；拥有了这种力量，我们就能成为自己命运的主宰者。

无论是贝多芬，还是张海迪，上文提到的每一个人，都曾经有一个强大到令人腿软的对手，或是敌人，但是因为有勇气的力量，使得他们能够一次次战胜困难，最终为自己的生命谱写了华美的旋律。

有一家公司招聘一名赛车手，给出了月薪十万元，外加小费五万元，保险一百八十万元的高额待遇，而这家公司有一个奇怪的条件：只收新手。好多人为了丰厚的薪水开始蠢蠢欲动，当他们知道考试内容时，却又一个个选择了放弃。原来考试是在悬崖上举行的：两个悬崖相隔 10 米，选手只能开车从悬崖的一边飞向另一边，才会被公司录用。这么危险的运动一个不小心就足以使人丧命，所以这家公司招收了好久都没有人来报名。几天后，一个衣着简陋的青年来应聘，老板带着他看了考场后，问他怕不怕，青年坦然地回答不怕。老板诧异地又问道：“如果不幸丧命了怎么办?”青年微微一笑，说：“我有足够的勇气伴我过去。”

当青年正准备踏上赛车时，老板拦住了他：“恭喜你，你已经通过了我的考试，你将得到与承诺相同的报酬。”看着一脸惊讶的青年，老板向他解释到：“我们公司需要的是拥有足够勇气的职员，因为我始终相信，只要有勇气，他就可以战胜任何一个对手。因此我设计了这场其实并不存在的考试，到现在为止只有你一个人通过了，所以你被聘用了。”

就如同语言一样，勇气的力量虽然看不见摸不着，但是它却可以把人送上胜利的巅峰，也可以把你拖入失败的深渊。因此，在面对你的对手之时，一定要将你的畏缩与胆怯抛开，否则你不仅会因为紧张而头脑发昏，还很有可能因为害怕而直接就将胜利的果实主动地送进对手的背包里。

还记得乌江河畔的楚汉相争吗？项羽败了，眼见要成为刘邦的阶下囚，江上的船夫自愿为他撑船过江，帮他渡过劫难，可是他毅然决然地拒绝了，无颜面对江东的父老乡亲，“力拔山兮气盖世”的项羽，选择自刎乌江，这种拒绝和死亡也是有勇气的表现之一。还记得众所周知的大发明家爱迪生吗？实验室引发的一场火灾，致使爱迪生的试验品、实验成果一瞬间全部化为灰烬，他隐藏住内心的悲伤，望着这一场大火，却说：“这场大火烧掉了我所有的错误，我可以从头再来。”不久以后，新的实验室又耸立在眼前，经过无数次的挫折，历练出伟大的成就。挫折不可怕，一切都可以再来，失败也不可怕，即便是输了你也能够得到掌声。

寒冷的西伯利亚有一种鹿叫花腹鹿，它的腹部有着错综复杂的美丽花纹，大家肯定都以为它是像斑马身上的纹一样与生俱来。其实在花腹鹿年幼的时候，它的父母就带着它在荆棘丛里跳跃，小小的鹿在跳跃的时候，腹部被荆棘刮出了无数条伤口，等这些伤口愈合以后，呈现出的就是那些美丽的名叫“勇气”的花纹。

当面对对手的时候，勇敢地爆发出你的力量。拳击场上，如果不勇敢反击，一定会败下阵来；独木桥上，如果不勇敢挤过去，一定会落入水中；奥运会上，如果不勇敢坚持，一定会输给对方。

鹰是一种凶猛的动物，有尖锐的爪子和锋利的喙，但是它也是有对手的。当它遇到对手以后，它会奋力搏击，即使身受重伤，它也会坚持到底。所以它的凶猛也是在与对手斗争的过程中，经历了痛苦锻炼出来的。它们将自己投入痛苦的深渊中，然后鼓起勇气承受痛苦，再接受挑战。

其实我们很多时候面对的对手，不仅仅是别人，还有那个常常被你忽略的自己，这个时候，你还要学会敢于正视自己。

你不会游泳，当你站在游泳池边的时候，你的对手就是自己，应该战胜自己鼓起勇气学会它；你学习落后，当你看到别人优异的成绩时，你的对手就是自己，应该调整心态勇敢面对。莱特兄弟的对手是自己，他们通过自己的创新，发明了飞机；李时珍的对手是自己，他通过自己的发掘，编著了《本草纲目》；袁隆平的对手是自己，他通过自己的研究，研制出杂交水稻。还有很多例子，例如詹天佑、尼采等，在他们的心目中，自己才是最强大的对手，克服自身的困难，去战胜一切，正是勇气所在。

我们欣赏勇气，欣赏没有翅膀却向往蓝天的勇气；欣赏翅膀稚嫩便去尝试飞翔的勇气；更欣赏翅膀折断仍要飞翔的勇气。一个人如果有了这样的勇气，就可以像钢铁战士般从容应对每一个对手，一个民族如果有了这样的勇气，就能屹立世界之林，免于落后挨打的被动。

看到那个向你张牙舞爪的对手了吗？把你脑中那些有关犹豫、畏惧、徘徊、胆小的词语通通删除，把勇气两个字狠狠地印上去，告诉自己，不能怕，燃烧吧，小宇宙！

2.

正面迎敌还是迂回进攻

在你面对对手的挑战的时候，你会选择正面迎敌，还是迂回进攻？我想每个人都有自己的方法与对策。当你看到一个比自己强大凶猛的对手时，你肯定会想，我应该想出一个侧面迎战的方法，避免与他正面竞争，否则受伤的一定会是自己；当你看到一个比自己瘦弱矮小的对手时，你肯定会想，我这个时候就是应该正面迎战，打他个措手不及。可是，你有没有想过，如果你遇到一个力量与自己相当的人，你该如何做出选择呢？无论碰到三者中的哪种情况，无非就是正面迎战和迂回攻击两种方式，可是具体该如何运用它们以及把它们运用到哪些竞争中呢？相信你在看完以下内容之后，会对自己遇到对手时如何抉择有一个清晰的判断。

还记得曾经风靡一时，在各大电视台热播的电视剧《亮剑》吗？剧中主人公李云龙说："面对强大的对手，明知不敌，也要毅然亮剑，狭路相逢勇者胜。即使倒下，也要成为一座山，一道岭。"他以古代剑客狭路相逢作比："假定你的对手是天下第一剑客，你明知不敌该怎么办？是转身逃走还是求饶？当然是不能退缩，要不你凭什么当剑客？明知是个死，也要宝剑出鞘。这叫亮剑，没这个勇气你就别当剑客。倒在对手剑下算不上丢脸，虽败犹荣。"其中一段剧情是这样的，有一年冬天，李云龙带领独立团一营，以破釜沉舟的决死精神面对强敌，以一营之兵力率先向关东军两个中队发起攻击，进行了一场惨烈的白刃战。战役前，赵刚问李云龙："万一情报不准，鬼子不是一个押车小队，而是一个中队或一个大队作战部队，你怎么办?”李云龙毫不犹豫地说了上面那段话，最后在敌我力量悬殊、外界环境极度不利的情况下，披荆斩棘，杀出了一条胜利之路。

试问，如果李云龙没有那样一股正面迎战的韧劲，他能战胜强大的敌人吗？如果他没有那种一决到底所向披靡的勇气，他能够让独立团成为抗日战场上令人闻风胆寒的对手吗？所以，当你遇到比自己更为强大的对手时，不要畏首畏尾，瞻前顾后地思考如何避免竞争了。或许在你左思右想之余，对手已经将你置于死地。到那个时候，你连奋起搏击的机会都不再拥有。还有什么时间去思考，想出一个两全其美、既不让自己受伤、又让对手败下阵去的策略呢？勇敢地正面面对你的敌人吧，即使他比你强大一百倍又能如何，只要你摆出必胜的架势，充满必胜的信心，一样可以扳倒“大山”。正面迎战不正是在锻炼你勇于抗争到底的精神吗？学会正面迎战吧，它可以让你变得更有胆量；学会正面迎战吧，它可以让你在最危险的时候，一鼓作气脱离险境；学会正面迎战吧，它可以让你在来不及思考的时候，做出最有力的反击。

如果，你因为不可忽视的原因，确实无法与对手在正面交锋，那么我们来看下面一个例子，它会教会你迂回进击对手的智慧。

韩信小时候父母双亡，靠别人救济为生，经常遭到周围人的歧视。淮阴屠户中的一个年轻人，曾经这样侮辱过韩信：“你虽然个子高大，还配着剑，其实内心是个怕事的胆小鬼吧!”韩信没有回答他，屠户又说：“杀人偿命，你若是怕死，就拿你身上的剑来刺我，若是不敢，就得从我胯下钻过去!”于是韩信上下打量了屠户一番，弯下腰，老老实实地从他胯下钻了过去。周围的人看到韩信这么一副没出息的样子，纷纷投来鄙视的眼光，都嘲笑他是个胆小鬼。很难想象，一个正直壮年的汉子，被人这样当街羞辱，不仅没有生气，反而放下自尊，从人胯间钻过，这等丢人现眼的事情都做了出来。然而当他当上大将军回来的时候，不仅没有杀掉这个无赖，反而让他做了中尉，还对将士们说："这个壮士，当年羞辱我时我没有杀他的理由，所以没有杀了他，若真是动了手，我就成了杀人犯，也不会有今天的成就了。"可见韩信他从年轻时，即能从另一个角度去审视问题：面对不同的对手，要有不同的策略，逞一时之勇，未必是真正的强者。合理地处理对手的挑衅，有时不但可以起到四两拨千斤的奇效，更是对个人意志品质的一种磨炼。

让我们想象一下，如果当时韩信没有从那个人的胯下爬过去，他凭借自己的个子高大一定可以把那个人打得落花流水，可是他为什么选择了低调处理忍辱负重呢？不正是这样一种低调的方式造就了他忍韧的精神吗？让我们再发挥一下想象力，假设韩信真的因为无法面对这样一个羞辱他的对手，选择暴跳如雷，大打出手，那么我想他也不会有之后的成就了吧。这一点恰恰说明了，低调可以引申出心胸宽广等很多可贵的品质。低调是一种平和的态度，它不是消极，能屈能伸才是大丈夫，能为了未来的辉煌而短暂掩盖现在的光芒，也许，低调恰恰就是真正的激昂。选择低调处理，在我们的生活中是一种不可或缺的生存手段，比如说当你走入职场，处理人际关系的时候，低调可以很好地掩饰你内心的想法，这样对你图谋不轨的那些潜在对手就弄不清楚你的来龙去脉，同时你也为自己的工作避免了那些不必要的纷争与麻烦。

所谓"曲线救国"，就是体现了方法的重要性。在遇到强大对手时，很多人都知道这种情况下只可智取不可强攻。美军在战场上很少有牺牲，在知道自己打不过敌方时，他们通常会果断撤退，有时甚至举旗投降。这样做看起来好像是贪生怕死之辈，事实上美国军队不断地在用微小的损失增加着胜利的价值，不能不说他们很懂得保存实力的道理。俗话说，留得青山在不愁没柴烧，只要有生力量不被消灭，在面对暂时还没有把握战胜的对手时，不妨暂时屈居下位，学习勾践卧薪尝胆，表面上是输了，实际上却是储存实力，总结经验的好机会。

正面迎战还是迂回反击，其实两者各有利弊。我们应该根据不同的局势，做出相应的对策。当你真正领悟了这两种处理方式的真谛，相信你无论遇到怎样的困境，碰到怎么样的对手，都会很好地运用它们。那个时候，你就可以大声地对着对手说：来吧，我不怕你。

3. 条条大路通罗马

当你陷入对手的围攻之中，彷徨失措，进退失据，似乎只能接受落败的命运的时候，你是不是异常苦恼，感觉到无路可走了呢？可是你要记得，天无绝人之路，上帝允许你掉转方向，去寻找另一个出口，你要知道在这个世界上可以进退两难，但绝对没有绝路那么一说，否则，“条条大路通罗马”这句话怎么会流传至今呢？

汉尼拔·巴卡是北非古国迦太基著名军事家。在第二次布匿战争中，对手罗马军队集结了八万步兵和六千骑兵的强大兵力，而汉尼拔只有一半步兵的数量，但拥有一万骑兵。在数量上对方占了压倒性的优势，此刻，汉尼拔明白，正面迎敌是没有胜利把握的，不能强攻，只能智取。于是他利用了战场在平原上的有利地形，充分发挥了骑兵的战斗力，从而战胜了敌人。汉尼拔作了周密部署，根据不同的地形，不断变换作战方式，最终击溃了罗马大军，罗马的大门向汉尼拔轰然洞开。“坎尼之战”这个战争史上的辉煌战例，成就了一个众所周知的谚语，那就是“条条大路通罗马”。

我想大家一定知道现在当红作家韩寒，他在中学的时候，好几门功课不及格，对于这样一个学生来说，要上大学可谓难上加难，当时老师没有看好他的，以为他会一事无成。在考大学这个战场上，韩寒面临众多同龄人的竞争，很明显，他不是对手。如果韩寒一味坚持“大学梦”，将无可避免地成为高考竞争的落选者，同龄人眼中的失败者。庆幸的是，韩寒认识到自己的特长，走上了文学创作的道路，结果成为当今中国著名青年作家，美国《时代》周刊的封面人物。

韩寒的例子告诉我们，每个人都是自己人生的主宰者。你不断在选择命运，也在选择对手。选择一个合适的对手，可以最大地激发你的天赋和才华，帮助你成就一番事业；相反，如果你选择了一个错误的对手，在错误的时间、错误的地点和错误的人进行了一场没有价值的竞争，那么无论胜负，你都是失败者。所谓“条条大路通罗马”，有时候，不是你的对手太强大，而仅仅是因为你还没找到合适的路。

其实这是一个很简单的“扬长避短”的道理，每个人都有自己擅长的和不擅长的地方，如何运用才是关键。大家都知道，一块砖头，如果放在马路中间，那肯定是挡路又碍眼，甚至是个危险的存在，但如果把它放在工地上，为建造大楼发挥作用，效果就不一样了。韩寒考试失利，而在写作上却有出类拔萃的能力，就是因为他站在了不同的位置上。有些人，天生就不太适合做某事，因此我们必须清楚地认识到自己擅长什么不擅长什么，摆对了自己的位置才能发挥相应的作用。

让我们来试想一下，如果韩寒没有转变战场，而是依然像其他同学一样，每天坐在教室里，刻苦读书，况且自己还要使出浑身解数来补那些落下的功课，最后去参加考试，考个不理想的高等院校，或者没有考上，这样的结局岂不是比主动退学更不尽如人意。一条道走到黑，这种方式是不对的，至少是片面的。灵活地改变思路，也许会给我们带来新的生机，还有可能带来比从前那条想要坚持到底的路更好走的路，更有未来的路。条条大路通罗马，生活有无数个可能，每个人眼中的幸福都是不一样的，重要的是你能不能找到属于自己的那条路，能不能坚持自己的梦，一路无畏地走下去。梦想与现实之间不止一条直线相连，还存在着许多曲线。睁大眼睛，善于发现勇于创新，就能找到与众不同的路。

以此类推，在我们的日常生活中，对手无处不在。一项繁重的工作，一次艰难的谈判，甚至一次感冒，一场失眠，回家路上的一块绊脚石，都可以是你的对手。当我们面对这些令人眼花缭乱的对手时，选择合适的解决方法，将有助于我们轻松战胜对手，成为成功者。当你因为一道数学题而苦思冥想的时候，为什么不选择下楼呼吸一下新鲜空气，或者找朋友聊聊天，然后再回来研究它呢？你肯定以为这样是浪费了时间，截断了思路，其实你不知道的是，当你放下这个对手，选择别的事情去做的时候，已经为自己找了个出口，开阔了大脑。当你再返回来做那道数学题，它便迎刃而解。

经常听到这样的说法，要适应环境，就要接受环境对你的改造，其实这样的说法否定了人的能力。人是属于自己的，他有权决定自己的生活，生活是由人创造的，没错，对于很多事情来说，适当的环境能起到积极的效果，人在适应这个环境的时候可以做得更好，但是环境可以由社会创造，同时也可以由人创造。

再推而广之，从我们这个社会来看，21 世纪人才济济，学生、在职人士大都身怀绝技，是社会栋梁之材，可是为什么还是会有那么多高科技的人才尴尬地面临无业、失业的窘境？是因为学历不够吗？是因为没有工作经验吗？是因为人生阅历还很浅薄吗？从任何一个角度来看，他们都有了足够战胜对手的资本——前提是，他们要找到正确的对手。人生路漫漫，起伏在所难免。有太多的人纠结在一时之得失，没有意识到，我们的生活是在不断改变的，你的对手也是在不断变换的。在这家公司失业了，需要的是马上收拾心情，打点行装，找到下一个对手，战胜它，证明自己的实力。而不是自怨自艾，在一个对手身上耗费大量无用的精力和情绪。只有战胜对手的勇气，却缺乏战胜对手的方法，到头来还是一场空而已。

现在这个社会，不缺乏胆量，气魄，决心，而是缺少方法。无论对手多么强大，多么貌似不可战胜，总有弱点，老虎总有打盹的时候。蚂蚁可以和大象竞争吗？马云说过，蚂蚁可以扳倒大象，但是大象永远也踩不死蚂蚁。找到合适的竞争策略，变劣势为优势，让你的对手无计可施，那就已经成功了一半。

所以，当你觉得对手是不可战胜的时候，在心里默念三遍条条大路通罗马。要永远记住，虽然现在还没有成功，但是你要知道：战胜对手一定有方法。

4.

放弃的智慧

面对确实不可战胜的对手，放弃不啻于是一个智慧的选择。孙子兵法云，三十六计走为上。但是，放弃也要放弃得潇洒、体面、充满风度、值得尊敬。做到这点，即使放弃，你依然不是一个失败者。

很久以前，有一个人去山里请教智者。智者带他走到一条由五彩石头铺就的小路，然后给他一个背篓，要他把小路上他喜欢的石头都捡进背篓里。这个人无论是什么颜色的石头都一一捡进了背篓，最后，他的双肩沉重得支持不住，一不小心摔倒了。智者看见了，让他把最喜欢的石头留下，其余的统统扔掉。这样一来，他顿时感到轻松无比，很快抵达了小路的尽头。虽然他放弃了那些不舍丢弃的五彩斑斓的石头，但是他获得轻松、愉快的心情，并顺利到达了路的尽头。可见，在彩色石子和完成旅程两个互相冲突的对手面前，必须做一个明确的选择：故事里的人选择了完成旅程，那么在彩色石子这个对手面前，他实际上输了。但是这又何妨？鱼与熊掌不可兼得。当年战胜了一个对手，就不得不落败于另一个对手。这个朴素的小故事，却包含着如此深刻的人生哲理。

可想而知，放弃并不等于丧失，而是为了更好地拥有。故事里的那个人是丢弃了心爱的石头，但他获得了轻松，只有放下那些阻碍你前进的事物，你才能顺利完成该做的任务。

生活本身就是一个永不停歇的对手。她总是挑战你，迷惑你，甚至压迫你。面对生活这个对手，我们除了需要战胜对手的勇气，还需要拥有放弃的智慧。强者如毛泽东，与天斗，与地斗，与人斗，其乐无穷，可谓勇者无惧。但是对于芸芸众生如你我者，适度地向生活认输，则是一颗平常心所应享有的自由和洒脱。因为，战胜对手并不是我们的最终目的，取得身心的幸福喜悦，才是人生的根本要义。如果摆出一定要与生活抗争到底的态度来，大脑中充斥着欲望、贪婪，对名利的追求……最终，即使少数人获得了自己想要的，在此过程中，也常常失去朴素生活的乐趣——在生活这个对手面前，适度竞争，认真讲和，才是普世法则。

而对于现实生活中的对手而言，认输并不是不思进取、固步自封，而是包容一切的博大胸怀，是人生中的一种自我超越，是人格完善的一种有力手段，是竞争的最高境界。战术上的短暂退却，正是为了战略上的伟大胜利。有舍才有得，这样才会为自己迎来更多的机会。有些时候，我们常常会因为落败于竞争对手而失落。确实，失败是苦涩的，或许放弃是凄美的，但它一定是会过去的，下一个对手正在前方等着你，下一个胜利也许很快就会到来。我们常常为了一次失败而垂头丧气，丧失斗志，有时候，对于胜利的渴望，反而让我们在与对手的竞争中迷失了自己，忘记了自己真正的方向。

简·爱是一个如此平凡的姑娘，她是如此自卑，在自己爱慕的异性面前，她面临着那么多富家小姐的竞争。看上去这似乎是一场胜负立判的比赛。但是最终，男主角选择了她。而那些如花似玉的富家小姐，在这场竞争中败给了一个完全被她们忽视的对手——表面上看，简·爱并未参与到这场竞争中，她如此自卑，以至于发令枪还未响，她已经自动退出了比赛场地。但是，正是这种平和的心境，坦诚的态度，让这个优雅的承认失败的女人，获得了最终的胜利——承认失败，难道不是一种最高明的竞争智慧吗？

老子说过："将欲取之，必先予之。"舍得舍得，要舍才有得，在追求的道路上，必然有些东西是不得不牺牲的，执著于无意义的牺牲，浪费了宝贵的时间不说，还在错误的方向上越走越远，最终迷失自己，一味地执迷不悟实在太过痴傻，勇敢放弃吧，它不是一种懦弱的表现，而是完善人生的机缘。拳头收回来，是为了更有力地打出去。

实际上，在竞争面前，从来就没有常胜将军。这一法则，不仅适应于人类社会，就是物竞天择适者生存的自然界，也适应这条规律。有这样一个西方寓言，两条河流从山的源头出发，要一起流向大海。它们穿过条条山涧，却来到了一个沙漠的边缘。沙漠狰狞着告诉它们，如果从这里流过，它们必将干涸。河流A说，“既然这样，我们就返回去再找一条新路吧。如果再这样继续前进，我们可能走不出沙漠就干死了。”河流B显然是一个充满勇气的斗士，它说，“为什么要畏缩不前呢？任何对手我都可以战胜，我是永远不会承认失败的。”结果，河流B继续前进，没过多久就干死在沙漠里。河流A则不辞辛苦地又回到了源头，选择另一条路线，最终流进了大海获得永生。大家想一想，河流B拥有战胜对手的勇气，为什么却落得如此下场呢？河流B选了承认失败，另觅他途，反而成功呢？有时候，在竞争对手面前优雅地承认失败，转身投入另一场竞争中，也许会使你的人生更有价值。

没有战无不胜的人，也不会有毫无对手的那一天。每天，生活都会给我们制造各种各样的对手，纠缠着我们，制约着我们。这时就需要我们做出明智的选择：选择哪一个对手进行突破？向哪一个对手承认失败？承认失败或许让我们情绪低落，缺乏成就感，但是想想你所选择的那个对手吧？你不可能有精力将所有的对手击败，因此，最好的决定就是选定一个对手，研究他，击败他。这样，你的人生才能更有成就感。人生路长，一路上会有许多对手等着你。击败对手并不是我们的终极目的，为了竞争而竞争，显然迷失了生命的意义。只有有价值的对手，有意义的竞争，才值得我们全神贯注，全力以赴。

选择一个真正的、有价值的对手，让其他的失败都随风而去吧。

5. 成也萧何败也萧何——战友与对手的转换

“成也萧何，败也萧何”比喻事情的成败都出于同一个人。很多人用这个成语，却不知道这个关于萧何的故事。让我们把历史翻回楚汉那一页，看看那时发生了什么事，制造了这个成语。

陈胜、吴广起义后，韩信也渡过淮河北上投奔了项梁，待在军队里，成为一名默默无闻的小卒。后来又投奔了项羽，他多次向项羽献计都未被采用。后来刘邦入蜀，韩信又投靠了刘邦，但他依然默默无名。但却因为犯法将要被处斩，刀口下说出了：“上不欲就天下乎？何为斩壮士!”的话，引起了夏侯婴的注意，被荐为治粟都尉。这时，丞相萧何发现韩信是个奇才，但他依旧没能获得重用。韩信觉得很委屈，自己不管投靠谁都得不到赏识，心中肯定是相当不满的，于是在一个月夜，悄悄地离开了军营。萧何听说韩信逃走了，来不及向刘邦报告便追了出去，刘邦不明真相，以为萧何也逃跑了，很是愤怒，如失左右手。过了两天萧何带着韩信回来了，刘邦又喜又怒，责问萧何为什么逃走。萧何回答道：“我不是逃走，而是去追韩信。”刘邦很奇怪，韩信是个什么人？值得丞相萧何这样劳心费神地去挽留。萧何趁机向刘邦举荐了韩信，说他是天下难得的奇才，听了萧何诚恳的劝说后，刘邦便设坛，隆重地拜韩信为大将。韩信不负众望，为汉朝的建立立下了汗马功劳，被刘邦封为楚王。然而刘邦晚年害怕政权落入他人之手，朝中人物，韩信毫无疑问享有最高威望，为了铲除后患，刘邦用计生擒了韩信。韩信说出了名言：“狡兔死，走狗烹；飞鸟尽，良弓藏；敌国破，谋臣亡。天下已定，我固当烹。”后来刘邦念及旧情，考虑到韩信的功劳，又赦免了他，但降为淮阴侯。

公元前197年，阳夏侯陈豨举兵谋反。在危急关头，刘邦要率领大军前去征讨，也许是刘邦之前的不信任伤害了自己，当时韩信推说自己有病，没有随同前往。谁知，竟有人捏造了传言，说韩信其实是和陈豨一伙的，不去讨伐叛军，好趁着混乱杀进宫里，灭掉太子和吕后。吕后一听，顿时坐立不安，宁可信其有不可信其无，于是迅速召见了萧何，要他将韩信带入宫中。萧何回到家中，心中百感交集，依计派人散布了陈豨已被打败，众臣都入宫祝贺的消息。这时韩信还是称病在家，于是萧何亲自去到韩信家中，对他说：“陈豨已经被打败了，还是进宫去祝贺吧，免得遭人怀疑。”韩信一看萧何亲自来请，加上他说的也有道理，便不再推辞，随萧何进宫。谁知道一进宫便被吕后手下的武士捆绑起来，在长乐宫中的钟室里被残忍地杀害。

萧何之于韩信，既是战友，也是对手。他发掘韩信并且将他推至巅峰。韩信没有意识到，萧何是一个见好就收的人，也是一个极端的功利主义者，他跟的人是刘邦而不是韩信。曾经，萧何是韩信的亲密战友，出生入死也好，同殿称臣也罢，都属于同一个阵营。然而，当刘邦要削兵权、安后世的时候，萧何实际上已经成为韩信的对手。这种从战友到对手的转变，缺乏政治敏感的韩信并未觉察到，最终只落得身首异处之时，还把对手当战友。

很多时候，我们和韩信一样，总是一厢情愿地认为，战友就是战友，永远都是战友，不可能成为对手。尤其是那些曾经提携我们、举荐我们的人，更是引为知己、知音、大恩人。然而，时移世易，当所处的环境发生变化，曾经的战友就会变成敌人。而更可怕的是，因为他们曾经是你的战友，所以他们熟知你的长处和弱点，往往让你既无招架之功，更无还手之力。

所以，我们身处这样一个竞争激烈、变化空前的时代，既要遵循中国传统文化中尊友重道的美德，同时又需要用辩证的思维看待身边的朋友、同学、同事。要善于分辨出何时他是作为战友的萧何，何时他是作为对手的萧何。要随机应变，灵活处理与两个和萧何的关系。尤其是，当战友成为了对手，当你的弱点都暴露在对手面前时，更应该善于运用策略，能屈能伸，能战则战，不能战则暂避锋芒，伺机再起。切不可如韩信一样，不但自己的性格特点、行事风格、心理状态被对手掌握，甚至是直接倒在曾经战友的一手策划下。

我们以职场来举例。当你和某一个同事隶属于同一个部门，分担共同的任务和目标时，你们是亲密无间的战友，为了共同的利益——当然间接也是为了自己的利益——同心同德，紧密合作，不仅在工作上合作卓有成效，甚至有可能发展成私交甚好的朋友。然而有一天，部门经理离职，需要从你和这位同事之间选择一人，成为该部门的经理，而你们两人又都迫切希望得到这个职位时，你们两人瞬间就成为了竞争对手。也许你们互相知根知底，更严重的是，有可能互相知道对方在职务范围内的“灰色行为”。此时，你要做的是迅速转变思维方式，在头脑中给这位同事牢牢贴上“对手”的标签——你们之间必然会有竞争，会有隐瞒，以至会有互相的揭发、攻击。如果此时，你还将他视为战友而非对手，处处不设防，那么极有可能在这场升迁竞争中败下阵来。结果，曾经平级的同事兼朋友成为了你的上司，虽然你还向当初一样看待他，但是你们已经不再可能恢复到原来的关系了——虽然有些残酷，但是这就是职场竞争的常态，也是商业社会得以进步的动力——你不但失去了一个好职位，还失去了一个好工作。而这样的结果，仅仅是因为没有清醒认识“战友”与“对手”的身份转变造成的。

人生固然充满温暖，但是人生同样也充满竞争。害人之心固不可有，防人之心切不可无。看得见的对手可以正面竞争，最难抵挡的是曾经和你并肩作战的人一夜之间成了你的对手。他对你可谓是真正的知己知彼，身份的转换带给你的只能是更大的威胁，为了防止产生更严重的后果，时刻提醒自己成也萧何败也萧何，不要败给自己信任的人。当心，你身边的战友，可能就是下一个对手！

6. 我自岿然不动——完善你的战场规则

在某些对手面前，你是否曾经感到束手无策，四处碰壁？似乎一切皆在对手控制之中，每一个步骤都被对手预判得明明白白？相信不少人都会遇到这样的困境。因为对手太强大，或者竞争环境太陌生，或者自己准备不足，缺乏信心，以至于仿佛坠入对手的天罗地网中，一步错步步错，万劫不复，无法摆脱……

实际上，这是竞争过程中的一个常态。任何人都有处于下风的时候，任何人都遭遇过力有不逮的局面。而此时，最能考验一个人面对竞争压力时的勇气、魄力与抉择。成为对手口中的笑话，还是对手眼中的强者，往往在此一举。

“山下旌旗在望，山头鼓角相闻。敌军围困万千重，我自岿然不动。”这是毛主席在井冈山反围剿时写下的诗句。“我自岿然不动”，现在也成为形容决然不倒的精神时最常引用的句子。

然而，“我自岿然不动”的基础是什么呢？

不依规矩，不成方圆。每个人心中，都有那么几条做人的原则，或者称之为底线。拥有值得守护一辈子的原则，永远不逾越自己的底线，是世界成功人士普遍存在的共同点。当面对对手的狂轰滥炸，多数人会抵挡不住，缴械投降。然而，总有一些人，能够支撑住惊涛骇浪的冲击，创造一些看似不可能的奇迹。这种奇迹，在第二次世界大战中丘吉尔领导下的伦敦、在雅典奥运会 110 米栏的决赛跑道上、在空中客车 A380 的生产线上屡屡上演。正如丘吉尔所言，“在最困难的时候，我们依然坚守着我们的准则：和平，爱，生命的可贵。”

所以，我们要看到。真正能够我自岿然不动、立于不败之地的人，必定有自己坚守的原则。而当我们面对强大的对手的时候，以下三条法则——为了体现坚守的重要性和竞争的残酷性，我们姑且称之为军规——会帮助你渡过难关，守得拨云见日时。

第一条军规——坚守法律和道德。无论我们所进入的领域或所从事的行业多么缺乏规则，至少国家的法律总会对其有一定的规范，而不违法是我们做任何事时都应遵守的底线——重要的是，这往往也是决定你和对手命运的胜负线。你的对手现在固然风光无限，压得你喘不过气来。但是你要知道，也许他在为了自己的私欲打法律的擦边球，悄悄做一些受人非议的事情。也许你的对手确实没有违法，但是违背了社会公德共识，违背了自己的良心。你所要做的，只是隐忍，坚持，等待，真相总有大白于天下的一天。那一天将是你的胜利日。

第一条军规是你安身立命的本钱。这样，你就不会为了战胜对手，在人生的长路上做出错误的抉择。虽说兵者诡道，有时候为了胜利，可以无所不用其极，但是这始终只是一个极端情况。与对手互相利用法律的漏洞、道德的陷阱进行竞争，虽然能取得一时的形势上的优势，但是长此以往，即有可能断绝一个人的发展道路。法律和道德是基础。这并不是要你去做一个无私的圣人，而是说，你与对手的竞争，必须在不损害不相关第三人的情况下。否则，即使将对手打败，从更广泛的社会意义来讲，你也是一个失败者。

第二条军规——兵无常形，兵者诡道。你对待竞争的原则有了一个底线之后，你必须懂得诡道。所谓诡道，是比骗术更高的更富变化的欺骗技巧。你必须给予你的对手假象来掩盖你的真正意图。而且你这些战术必须是不断变化的。能打，装作不能打。要打，装作不要打。要攻击近处，装作要攻向远处；要向远处，装作要向近处，彻底迷惑对手。最终目的是要实现让对手下一个错误的判断。让他进入一个你需要他进入的逻辑。在这种时候，你既掌握了对手的思路，又拥有了自己的逻辑。那么，竞争中你就比对手高一筹。所以，你的第二条原则必须建立在兵行诡道的基础上。

第三条军规——知己知彼。要战胜对手，就必须调查关于对手的一切。包括他们的背景，实力，习惯。你对对手了解得越细致，那么你能实施的战略就越多。而且，你必须时刻清晰的调查，力求不被对手的诡计所骗。然后，根据你所掌握的对手的情况，你就采取有针对性的竞争策略。给对手以小利，去引诱他；迫使敌人混乱，然后攻取。对手力量充实，就要防备；对手力量强大，就要避免决战。用挑逗的方法去激怒对手，使其失去理智；用谦卑的言辞表示自己的弱小，使对手骄傲。对手休整得好，要搅得它不得安生，使其疲劳；对手内部和睦，要设法离间他。

孙子兵法曰：多算者胜，少算者不胜。更何况无算乎。你与对手之间的竞争，必须精心谋划。既要算“多少”——你与对手博弈的胜算多少，强弱——你与对手的实力的强弱，长短——你和你的对手的长处与短处各在何处。这些都是你必须建立起的计算逻辑。为什么每一次乱世军师都是最核心的需要？因为将士再猛，毕竟不能将全局运筹帷幄。唯有那些精于计算的军师们，才能在适时适地适人的各种局面上，计算出最精确的答案，帮助他们做出正确的决策。而交战双方的胜负，也往往取决于两军军师的计策优劣。

算多少，算强弱，算长短。在算过这些之后，还有最重要的一算——算对手之算。对手也会有精心的布置，设计陷阱，制造烟雾，对手同样懂得声东击西，暗渡陈仓。对手静态的状况，毕竟还容易掌握，而对手动态的变化，最难预判。所以，从某种程度上来讲，知己知彼，非但要知当下之己彼，更要知明日之己彼，后日之己彼，未来之己彼。只有这样，才能胜时不骄，败时不馁，在人生这场漫长的竞争中，取得最后的胜利。

无规矩不成方圆，守得住原则的人才能得到别人的信任。你的生活中一定曾出现过一个凡事认真计较的人，老师说下午放学前把作业收齐，纵使那个时候老师已经下班回家，他也一定不会让工作在下课铃响之后才结束。或许你还会因为没有完成作业而抱怨老师都走了，何必这么叫板呢。但是，若是有人问起你对他的评价的话，相信你的答案也是充满了肯定的：他是个负责任的人。

真是这样，能够坚持这些原则，就能够让你提升自己的气场。若你以这三条军规来约束自己，要求自己，那么无论面对多么强大的对手，你都可以做到泰然自若，运筹帷幄，“敌军围困万千重，我自岿然不动”。

第八章

自我修炼 成就完美

空心的树木即使长到参天的高度，也不堪狂风的袭击；厚实的树桩尽管没有伟岸的身躯，却能在风浪中稳稳扎根于地面。成就的大小不由吹嘘的假象决定，实力才是说话有底气的真正保障。要让对手心服口服，就要时刻注意自身能力的提高，放眼于战场之外，做一个场内场外的胜利者。

1.

用实力让对手恐惧

社会是一个不断竞争，不断淘汰的地方，我们每天都会遇到不同类型、不同实力的对手，他们会对你贴身紧逼，永不放弃状地与你做着各式各样的竞争。你的对手会像是被教练下了紧逼对手的命令一样，对你紧追不舍，总喜欢跟着你的脚步对你一阵穷追猛打。他们或许并不是因为颇具实力才与你卯上劲儿，而只是因为实在没有什么办法但是又不甘心，或者不服气，对你又没有什么敬畏的意思。你在他们眼里既不值得他们尊敬，也不会让他们觉得可怕。这也许是因为你善良，宅心仁厚，总是不忍心伤害他们，又或者你从战略高度觉得不屑与一帮子下三滥的人计较。但可惜的是人家可不管你出于何等的原因没有置他们于死地，他们就是决定与你死磕。其实分析一下他们的心理，总不过下面这两类。

第一类是不服你。他们对你的实力总有这样和那样的不满。他们总是带着“凭什么”的态度来看待你的成绩，他们总是怀着质疑的态度来审视你的成绩，他们总是不屑于你的行为，你的收获。他们或许就是一群自信自负到无法无边的人，从不实事求是地分析事情，只是单纯地自认为自己什么都行，什么都懂，什么都会，什么都比你强。事实上是你干出了优异的成绩，而他们一无所有，当然其中各种原因都有，但最主要的是你具备了他们没有的实力。人无法认知事物的根本原因是对自己还不能理解的事情妄自加上自己主观的猜测，把自己想象得无限大。超出自己理解以外的，不按照自己意志发展的事物都是错误的，大多数有这种逻辑的人，总是会粘着那些胜过他们的人，不依不饶。可是从不对那些他们认同的人做这些死缠烂打的事情。

第二类是不懂忍让之道的。他们把你的仁慈当作愚昧，把你的大度当作无知。他们全然不用完整思维来思考自己的处境和他们之于你的价值。他们只是基于当下的一个非常短暂的情况做一个有利于自身安全的判断。他们以为一种暂时的安全就是永远的胜利，他们对胜利的理解非常粗浅，毕竟，一只蚂蚁只会朝着有甜味的地方前行，他们不会在意也永远不知道人类的目光正在带着怎样的情绪看着，只会想着如何打败你。有时候你饶恕或者无心恋战的时候，总有如蝼蚁一般的人变本加厉地加以嘲笑和不解，直至看到你完全战败的表情和行动，如果你只是轻轻将其弹开，可是他们却浑然不知如此做是送死，下次依旧如此。

面对这两类人，若你不主动出击解决，那么你永远都会面临这种麻烦和这些麻烦的人。很多时候，其实不是你做得不够，而是你未能做精致，未能做长远。或者，你总是想着用一种粗略的方法解决，甚至只是覆盖这些事情。

要降服一个人，靠的不只是武力，实力、成绩，这些只是客观事实，而这些客观事实对于他们来说是不足够的，因为客观事实总是在根据人的大脑和思考进行呈现，而他们的大脑并不会承认你所做的一切。所以，这种东西在这些主观意识粗浅的人眼里实在得不到什么重视。

要让对手乖乖地听话，你单单拍拍他的肩膀是不够的，你得让他们震撼一下。让他们对你有一个充分的认识，并且用正确的眼光和逻辑来对待你与你身前身后的成就。首先你必须认识到这些人实际上对你来说是无关痛痒的，因为他们的态度不涉及到你自己的切身利益。但是，既然事已至此，你何不把这些对手对你的误解与诋毁当作是自己一次再次完美进化的机会呢？

面对第一类人，你必须作为一个超级全才来打败他们，不要成为那种在一方面有成绩而另外一方面却有着巨大的缺陷的人。若你在某个方面，尤其是在他人认同的那个方面有着巨大的缺陷，你将不会得到重视，当然这也是你对手林立的一个重要原因。也许你会觉得职场上干得好，其他方面就无所谓了，其实不然。

三国时名将吕蒙，打仗是一等一的能手，偏偏是个没有文化的主儿。平日总是满口脏话出言不逊。除了打仗之外唯一的爱好就是吃面。他爱吃面不可怕，可怕的是总是吃得很粗俗，每次吃面都是狼吞虎咽，面条、面汤随处乱飞。他的主公孙权看他这个样子，实在觉得有些丢人。于是，一次大战过后，孙权在和吕蒙一起吃面的时候对他说："吕蒙啊，我看你一身武略，文采倒是少了几分。你长相如此潇洒秀气，可为何总是干一些粗俗市井的事情？"吕蒙不屑道："穷人家长大的娃儿，能如此神勇已当不错，还要叫我去读书是不是夸张了点儿？"孙权道："你在未来可是一个要身居要职的人，再不读点书，恐怕要被挤兑下去了，就算不至于此，也会有很多人不服你。更何况，我身为你的主公，掌管如此多的事物，都尚且还要再读书，更何况是你？"吕蒙一听这话觉得心里特别难受，他是一个非常有进取心与责任感的人，又是名将，所以经过思考之后，他已然决定好好把自己的文化涨一涨。于是日夜苦读，终于在日后练就了一身文韬武略，在荆州一战中有着神勇的表现。而成语“吴下阿蒙”的典故也就是来自这段历史。

吕蒙这样一个战场上的武者尚且要像文绉绉的学者一样去读书来弥补自己的不足，更何况是你这样在职场小有建树的人。把自己丰盈武装到一个程度，非议就会越来越小。你的知识面面俱到，就可以在人心中八面来风，毕竟，有谁不崇拜，不喜欢那个在自己领域有所建树的人呢？你懂得越多，钻得越深，那么你受到的非议就会越少，你得到的赞许就会越多。而且你自己也会更加地完善。他们一方面对你的正式业绩胆寒，另外一方面又因为你的额外能力而欣慰，一举两得，其实赚到的是你自己。

而对于后一类人，中国有句老话：“打不到身上不知道疼。”对于他们这类人来说，不做一些涉及到他们切身利益的事情他们是不懂得你的态度。很多时候我们肯定无法在一开始就展示能让对手服软的能力，但在你拥有实力之后，击败那些人就是轻而易举的事情了。你的实力强劲，让他们失去甜头，或者你牢牢抓住这些甜头，让他们只能看着你手中的那个东西流口水，然后双眼放光地跟你讨教。只要你的实力足够捏住他们，他们不再会对你纠缠不休，而是跪着看你，把你奉为神明。因为在他们眼中，你和之前的你已经不同了。之前你站在高处，现在，你站在他们身边。这些连头都不抬的人永远看不见在高处的你，但是站在他们身边的你就不同了。他们终于开始用眼睛用心来观察这个拿住他们的‘糖’的庞然大物究竟是什么。然后，他们就会为你的庞大和他们的渺小感到颤抖。

其实，你要威吓住你的对手，最重要的还是要把握实力。没有实力，一切的一切都无从谈起。你也无法树立高大的形象，更无法让你的对手拜服。没有实力，只会为自己树立更多的敌人，并且在日积月累的过程中被敌人打败。

你的实力决定了你的高度，你的高度决定了你的成功。拥有实力永远是迈向成功的那最初的，也是最需要的一步，将你的实力变成你最强大的武器，任何对手都会畏惧它的杀伤力。

2.

面对对手，不要害怕改变自己

很多时候，我们的生活都像流水一般不断变化，而对手就是这种变化中最让人既爱又恨的一种。如果我们不能及时地应对这种变化，就会被对手带来的强大洪流所淹没。固执己见只会让自己陷入困境，不会让自己的生活和工作变得更优质，更美好。

真正的强者，拥有实力的那些人，他们从不因为那些不能改变的事情而痛苦，他们也不为外界的拘束而感到沮丧，反而是更加兴奋地奔向前方，并且努力改变自己，以适应这个世界。

很多人会觉得过去很美好，而当下太残酷。出于对美好与纯真的怀念，所以自己不愿意产生变化，不愿通过变化来适应于面对当下的新局面，总是以精神洁癖的观点来看待世界，认为很多竞争行为和正常交际是一些黑暗肮脏的东西。这种想法本身就兼具错误性与不客观性。因为他们生活得简单而纯粹，并没有接触过复杂的事与人，往往对于曲折迂回的事情有反感的想法。幼稚的人总是不懂何为成熟。所谓成熟，最重要的一个标志就是认同变化，并且对于“改变”拥有一个积极的态度。

从物理学的角度来说世界总是在运动，没有哪一刻停止，世界上没有绝对静止的物体。那么，一切发生运动的，都是有位移的。换言之，世界每时每刻都是在改变的，从未停止过这种改变，这是一个非常客观的规律。而必须认识到的是，这些运动都带有磨损性，所以本质上来说，世界上一切事物都是在渐渐消逝的。所以也就不必为了消逝与改变而感怀，而悲伤。若总是为了这些规律性的东西而消极怠惰的话，人就会产生很多不必要的烦恼，严重时甚至会给人带来不必要的各种麻烦，让人抑郁寡欢，痛苦难堪。因为这种事实人作为一个个体是无法改变的，明白这一点，接受这一点，人才不会进入一个无限的消极循环。

世界是在不断变化的，没有永恒不变的事物，人应该放开手脚，放松身心，才是真正意义上的面对世界与客观事实，才能正确地看着一个又一个层出不穷的对手。

既然世界是变化的，为了符合这个世界的要求，所以自己也要跟着改变。人不能妄想着去改变世界，因为世界的变化是一个特别冗杂，繁复的过程，短时间内很难看出什么规律。很多人一开始都自以为自己可以撼动这个世界，参与并主宰这个世界的变化。其实不然，对手的出现就是自己无法预计，无法改变的事实。

这个时候不要认为自己阅历尚浅，我们对世界的了解不应该停留于“自己的世界”的概念中。不要以为世界的改变和我们改变晚睡的习惯是同一种概念。是我们接触的变化太少，还没有发现世界真正的“力量”在于何处。所以，当我们有时尝试着去“撼动”世界的时候，发现了自己丝毫没有办法，似乎一切都不会顺着自己的意愿来。比如，有一个人按照自己的理解在公司做了一份财务表格，满以为自己的创新会惹得全部人欢喜雀跃，可交上去就被老板否决了。这个人很奇怪，自己这么用心地创新，居然还是遭到反对。事实上，他过于高估了自己的能力与实力，他以为改变总是好的，自己总是最棒的。可是规律性的东西不可逆。所以自以为是的人都败了。

阿根廷著名革命家切·格瓦拉曾经说过：“改变自己，然后去改变全世界。”他在自己二十二岁时和朋友骑着摩托车周游了整个美洲，这次旅行彻底改变了他对世界的看法，他开始不安于自己在中产阶级稳定的生活，他认为这个世界上还有更重要的事情等待着他去做。本来身为阿根廷医科大学的他就有着一颗救死扶伤的善心，看了美洲人民的贫苦生活之后，他觉得自己必须做得更多。他同时也认识到，单单凭借自己现在的能力与实力都不足以去改变这个状况，所以他开始改变自己，锻炼身体，接受军事训练，接触各国革命解放知识，完全脱离了医生的一副文弱的形象，彻底把自己改变为一个革命战士。你可以想象一下，一个医生到一个战士，这需要多大的改变？很难，很困窘。但是，这种改变却让他变得伟大。让他有力量往前走，并且拯救了整个古巴。

被动的人永远是被动于环境的。他们不懂得分析环境也不懂得分析自己，不懂得根据自己的弱点做出改变。没有人天生就是英雄，那些英雄都是通过后天的磨炼，改变才造就了他们的成功。想要获得成功，就必须能够时刻检查自己，不断地去改正自己的弱点，不断完善自身的不足。能够坚持这样做的人，慢慢地就会变得富有主见，做起事情有毅力、有耐心。这个时候成功也就在向你招手了，而对手也就消失不见了。

要成功地打败对手，就先要成功地改变自己。生活就像是冷水，它不断倾注在你的世界。若你把你自己看作火焰，那么你一直就要被浇灭。可是，换一个角度想一想，既然浇来的都是水，你何不做一个容器，接纳这些水，包容这些水，无论来多少，你都能接着，化为己用。你若一开始是一个小铁块，你就得燃烧自己，把自己先融化，然后才能铸就成一个容器。容纳了生活之水，你才能进一步得到蜕变，越变越大，直到你成为一个金鼎之才。

曾经的刘备也是一个有心机却无大志的人。他甚至都没有想过自立门户，建立起一个汉朝之外的国家。他起兵之时，一心想着都是匡扶汉室，做一个汉室忠心耿耿的臣子。在那个年代的汉室实际上是已经保不住了，汉室在黄巾之乱时就成一个笑谈，是一个空洞的旗号。黄巾军领袖张角喊出："苍天已死"的口号时，张角已经顺应了时代的改变，清楚地意识到，单纯的维系汉室是不能让天下太平了，所以率先组织了革命。而刘备，在被吕布赶出徐州之后，求助于汉室宗亲，可汉室的人却不愿搭理刘备的求援，于是在半路上又遭到吕布手下曹性的围堵，刘备大批的家人都在这次围堵中死去。刘备在这之后详细地分析了当下的局势。他终于痛心地觉得汉室已亡，自己不应该再为这个已经万劫不复的王朝去努力，去证明什么。亲历过战争的他深知战争与死亡的疾苦，而要终结这个乱世，就必须自己奋起，建立新的时代。所以，刘备变了。他决心放弃汉室，用自己的双手解放那些身在水火之中的百姓苍生。

不同的人取得成功，他们却都有着相似的品质。他们通常有着比任何人更能吃苦的勤奋，他们有打破砂锅问到底的精神，他们善于思考，为自己所遇到的事情想好千万种变化来应对，他们精于谋划，把事情多想一层或几层后，他们有着打不死的坚强勇敢，又如同狮子一样敢想敢干，看准了的事情就不轻易放弃。他们如同山一样坚持不懈屹立不倒，他们有时更像海面对庞大的社会资源网络和人际网络办大事。将他们的特质归纳起来，最重要的莫过于就是改变，接受变化，因此，要应对对手，你所要做的就是尽快调整自己的状态，接受改变，积极应战！

时代腾飞变迁，科技日新月异，社会价值观也跟着不断变化，但是有些原则是不会变的，这些原则想成功也是必须要遵守，不过在遵守时我们必须随着时代的变迁来调整自我。生活在急剧变化的时代，不断改变自己，提高自己。在平凡中改变自己，发掘自己的潜能，面对对手才能拥有更灵活的作战方法。

3.

没人关注到的地方正是对手的软肋

当你千百万次地寻思着如何在正面战场击败对手的时候，对手却开始在暗自观察你身后的弱点，那些你不在人前的弱点，那些本没有出现在你受人认知一面的弱点，然后以此为核心，对你进行逐个击破。这种战术翻盘之快，反击性之强，可谓功利主义兵法之要道。

我们常常会忽视一些东西，而那些不在我们观察考虑范围之内的东西，或许才是这个世界上最要命的东西。有一家公司贴出了招聘启事，虽然只招收一个人，但是由于报酬很高，所以有很多人报名。一关一关筛选下来，最后还剩下了十多个人可以进入最终“淘汰赛”。这些人在面试考场的门外紧张又不安，尤其看到每次进去的竞争者都垂头丧气地走了出来，自信心越来越少了。接着进去了一个中年人，不久之后，他兴高采烈地就出来了，里面的考官也没有通知下一个人进去面试。这个中年人拿出他的合同，向那些等候面试的人炫耀着他的成功。剩下的人一面向他投来嫉妒的目光，一面也只能默默地离开了考场。这个人得意洋洋地看着人越来越少，还沉浸在快乐中无法自拔。最后只剩下了一个人还在外面等着，这个中年人走到他面前问他为何别人都走了，他还要坚持留下。那个人充满了不忿地说道：“他们还没有见过我，怎么可能知道我就不如你优秀?! 这样的公司不可能不面试完所有的人就决定录取谁的，我还要再努力争取一次!”这个中年人笑了起来，把他刚刚拿的合同递给了这个人，让他打开来看一看。那人接过后打开一看发现，里面竟然是空白的，一个字都没有写。中间人对他说：“恭喜你被录取了。其实我就是这场面试的主考官，我需要的就是一个能有主见，能够独立判断是非的人。而且，我们希望招的人并不止一个，你们能够进入面试的人都是很优秀的，只可惜，只有你留下来了。”这种无人关注过的地方就让这个应聘者成功的拿到了工作机会，打败了其他的竞争者，打败了其他的对手。

伦敦商学院著名研究员纳辛·托尔博在他著名的“黑天鹅”的论述中这样写道：“我们的世界是被极端的、未知的、不可能的事情主宰着。此时应把不可预知的事情当作起点而不是当作例外放下不管，尤其在黑天鹅开始繁殖的情况下。技术和科学的进步带给人们一种幻觉，以为自己能控制命运，”而事实上，“黑天鹅”才是历史上决定性的事件。作者在思考了“黑天鹅”会造成的后果（未知的未来的决定性）之后向人们提出建议：将每一个突发事件，每一种意外事件作为战场，好好地打击你的对手吧，这些事情的发生就是你对手没有考虑好的事情，没有关注，正确对待的事情。

“黑天鹅”事件指的是难以预测并且很不寻常的事件，它的产生往往会引起市场连锁负面反应。最著名的“黑天鹅”事件受害者是曾经在美国一度叱咤风云的一家美国长期资本公司，这家由诺贝尔经济学奖得主和众多华尔街高手组建的对冲基金设计了“完美”的投资组合并且获得了许多的成功，但是俄罗斯国债偿付危机所引发的全球市场连锁反应使它再过复杂的模型也无法预料得到的。最终这家公司损失惨重破产倒闭。

又是什么使得人们只有在经历了惨痛的教训之后，蓦然回首才能意识到那原来是“黑天鹅”现象呢？原因就是在于当需要注意到普遍的现象时，人们却习惯注意不普遍的事件。在当代新闻媒体专题轰炸下，巨大的专题新闻吸引力更是成爆炸井喷状。其实在关注新闻时应该更加关注普遍现象，我们习惯注意已经知道的事情，但是仔细想想每天都在重复看着类似的新闻，却未曾关注那些我们还不知道的事情。因此，正确运用“黑天鹅”现象，关注对手还没关注到的地方是非常必要的，试想突发事件时，做足了准备，对手怎么可能还在我们面前微笑！单单是意外和突发事件已经让其忙得焦头烂额了，这个时候出动你的实力，给对手来上深刻的一击，又一个对手消失了。很多时候，人们对于机会不能做出准确的评估，很容易将事情简单化、概况化、分类抛弃，不会开放思考地去珍视那些能够想象“不可能事物”的人。不要轻视我们总是看到无足轻重的事情，正所谓兵者诡道，要竞争，就要出其不意。而那些你所不知道，认为不可能的地方，可能对于对手打击是致命的。你的意外出现正像是“黑天鹅”一样命中对手的软肋，让他有着无法挽回的损失，可能从此告别舞台。

就像 2001 年 9 月 11 日，没有人能够想到有谁能以这样的方式袭击美国。这种静悄悄的时间，这种意外无比的方式。结果却令全世界胆寒。9·11 事件之后，全世界都加强了机场安检措施。可是在这些损失造成之前，机场安检就是一个不受人重视的盲点。无法正视盲点的对手，只让他不经意地重复错误，对你而言，就如同不战而胜。没有关注，也超脱了一般逻辑，但是，我们就偏偏可以凭借这种超脱一般逻辑的事情获得成功，这并非是意外，别人只会对你评价智高一筹。

《孙子兵法》里这样来陈述兵法中最重要的方法，它说用兵打仗其实是一种诡计的使用，需要运用种种方法来欺骗敌人。所以，你明明非常有实力，却要向敌人装出一幅软弱无能的样子。你本来计划要出兵降敌，却要伪装成按兵不动的状态。你的目标明明是近处，却要给敌人造成放眼远方的假象。在敌人没有准备时，突然发起进攻，在敌人意料不到的情况下采取行动，这些在我们与对手的较量中都是行之有效的方法。

要把别人关注的点都转移，把真正的实力或者弱势放到不为人知的地方，并且深切洞悉别人想要隐藏的东西且采取相应的措施战术，才能真正克敌制胜。我们反过来思考，若大家都在关注一些“看得见”或者别人“刻意”要你看见的东西，那么我们必然会中计。穿过这些迷雾，我们得直取他们心理核心。因为我们必须制造意外，出奇制胜。

“黑天鹅”效应还可以延伸到所有的事业。我们都知道餐饮业中，许多王牌餐厅都有他们自己的“神秘配方”。若是这配方人人都知道，或是别的餐厅对它进行了改良，那么这神秘配方也就没有任何神秘的价值了。因此，在餐饮业中，要战胜对手，就要能够想别人之不敢想，试别人之不敢试。这虽然是一种冒险，但是越是冒险，竞争的对手数量也就越少，成功的意义也就越大。同样的道理，无论是服装、出版社或是其他任何的企业，要想能够在市场中占据一定的地位，就一定要能做到开放视野，关注对手想不到的场合。

我们所处的世界正是因为它的未知性而充满了色彩，只是一味地满足于当前的状况，只会被他人迎头赶上。想要战胜对手，就要比对手看得深比对手看得远。当你发现了对手没有发现的世界时，你就获得了一个超越他的王牌。

4. 要做场上的胜利者，就要做场外能击败对手的人

每个人都渴望成功，每个人都渴望获得大量的利润，每个

人都希望成为有钱人！作为一个成功的人士，应该具备一些自我的素质，比如善于发现工作，寻找工作，然后快速高效地完成工作。每天总结一下自己的工作过程，工作结果，然后反问一下“今天做了什么？实现了什么成果？还有什么没做？每个人都有成为英雄的欲望，这几乎是每个人成长过程中必不可少的情结。然而，想要做战场上胜利的那一方，在战场外你就一定要先成为比对手更强大的人。

我们对未来充满希望而又显得太着急，我们想成功，想征服世界，几乎所有人在自己一开始的远大抱负都是从这个时候开始的。人都各有所长，也各有自己的缺点。你要清醒地把握住自己的长处。每一个领域里都有英雄，而不单单是在战场上。

对一个人能否成功起到作用的因素中，智力因素可能只占 2 成原因，而另外起作用的 8 成原因往往是人格因素。在自己变强与成长的问题上，应始终保持一颗平常心：也许我的智力可以不超常，但我可以凭借我的健康全面的身心去努力发展。因为积极的人格因素和良好的品质是一个人从容应付一生荣辱、坎坷的保证。其实，在未来的职场上，纵有满腹经书伦理，而没有实际能力也难有大的发展。

当下战胜对手虽然是当务之急，也是实质之务。但是在人生这个大战场上，需要你战胜的可不只是当下的这一局。你随着接触的圈子越来越广泛，就会接触越来越多的战场以及比较，最终，你发现，在这些战场上胜出的越多，那么就代表着这个人越强。很多成功者都不只是在他成功的领域有着卓越的才能，在其他的领域里，他也拥有着不下于大师的高超水平。比如魏武帝曹操，他在军事上的造诣显而易见，而他也在文学方面有着突出的成就。曹操在征战天下的途中写下的那些诗词，如《龟虽寿》《观沧海》等诗词都被后人广为流传。而我国伟大领袖毛泽东对曹操万分欣赏，也是源于他们两个同是军事奇才，也都是文学才子。毛泽东在诗词上的造诣与古时任何一位大诗人相比都毫不逊色。而且其中透出的雄浑威武，为国为民的气魄，若非李杜二人，鲜有人能与之相较。

我们通过这些名人政客可以发现，一个战士不只是要在战场上能武，而且下了战场，站到其他的舞台上，也要放出异样的光彩。因为世界很大，舞台很多。而且随着如今知识和咨询越来越丰富，可以学习的知识与机会也就越来越多。未来的职场不只是需要只有单一才华的人了。我们可以看到，很多大公司如今招人都需要懂多门外语的人才，甚至必须有多个技术项目的从业资格证。大公司看中的并不只是一时的得失，他们更多的是需要那种八面玲珑的角色。试想，若与你一同去应聘的人都是才高八斗的文学才子或者画技一流的艺术家，你只有一张空泛的专业文凭，你如何去与他人竞争？

每个人都应努力提高自己的智力和性格，这也是他们应当享有的权利。一些人的愚蠢处世哲学是赚钱术，他们的精力完全放错了地方。他们这样，如何打败其他对手？一个人真正的精力应该放在发展追求真理的精神上，培养自己的求知欲望，尽量发展智力，以此，你表达出的思想一定会使那些旧脑筋的人感到愕然。很多竞争不只是在能力与术业这个层面上。还存在于个人修为的层面上。没有任何艺术的生活，就如同荒野一样。一个理想的人，是要造就身体和精神全面发展的人才。老板会非常重视他员工的智力、品德、身体各方面全面的发展，才会更加注意你，重用你，无形中也是在打击着你的对手，更何况自己更是备受重视，加薪升职在所难免，何乐而不为呢?

只有知识的人，并不一定是一个可以成大事的人，因为他们很可能是一个只擅长读死书的书呆子，无法应对现实世界的问题。而有的人具有强壮的体魄，但由于没有知识和品德作为后盾，他们的强壮显得多么单薄和无力。所以你应该在各个方面的学习都有突出的建树而不单是只重视学习知识或是只重视体能锻炼。若你从一开始就注重全面的发展，你将是一个非常健康、精神饱满的员工，有健康的身体，丰富的学识和修养，也有优良的道德品质。这些都是任何一个老板所希望他的员工所具备的素质，也是一个成功者必须具备的素质。

为了让自己成为一个在各方面都有良好素质的人，你并不应该只满足于在学问、品德和身体三方面的发展。想要在人群中出类拔萃，你还需要培养自己的多种爱好。艺术的最大特点是它的抒情和非功利性。你若懂得艺术的真谛并且能够培养出一两个诸如画画，音乐等层面的爱好，你将因此而受益终身。一方面你可以用这些爱好来缓解工作上的压力，让你在竞争之余有闲暇的时间小憩片刻。另外一方面也可以让你在旁支的工作竞争上有一点优势。没有人会不认可美的艺术，也没有人不喜欢有才的艺术家。当你能够为自己的老板写一首歌并且在庆祝会上表演的时候，当你能够为自己的领导画一幅颇具艺术感的油画的时候，你觉得那会不会增加你在上级心目中的地位和尊重?你是不是能够在往后道路上多增添一枚砝码?

有人认为，拥有绘画、音乐、文学方面的兴趣是为了想在人前炫耀，这是你的对手对你的极大误解和嫉妒。你从来不想把自己培养成某一方面的天才，也从来不会将自己的才能向别人过分地流露。我只是想让自己能够成为一个接受完美，懂得完美并且能够变得完美的人。这是一种对完美的追求而不是向别人的炫耀。路加福音上说："手扶犁向后看的不配进神的国。"做人，做事，不要处处想着怎么给自己留一条后路，这样往往是聪明反被聪明误。可惜世上"精明人"太多，忙着留后路的同时，把人生变成了死胡同。

对手就在战场上耀武扬威，想要能把他击败，不仅仅是你的临场发挥可以决定的。时刻不忘记给自己充电，出色的战斗力是建立在高超的个人技艺的基础上的，想在上场时战胜对手，切记做好场外的一切准备！

5. 反省的意义

"假如时光可以倒流，世界上将有一半的人可以成为伟人。"法国牧师兰塞姆的墓碑上刻着这样一句话。他在告诉世人：如果人类可以及时地反省自己的错误，能够意识到自己的所作所为什么是对的什么是错的，将会有一半的人让自己变成一个伟大的人。因为过去犯了错误，很多人将错就错，就此也就是度过了好几十年。他们就算在日后懂得了一些经验和教训，但是时间流逝，往日不可追，所以就此作罢。依旧被对手折磨，依旧心情很郁闷。

有的事情错过了，可能还有下一次，但是有的却没有了。

而那些伟人不过是反思了别人，或者拿到了错过之后的第二次的机会，就迈向了成功。如果通过反省拿到了第二次机会，或许能找到对手之所以是对手的原因，或许会将恶化控制在源头上，将对手扼杀在摇篮中，化敌为友，再来几个不讨喜的人，又怎么样？成为你的对手就会被你牢牢地踩在脚下了。

哲学家们将反省作为是反思或者反映的同义词，他们往往将反省定义为是人类精神方面的自我活动与自省。这样看来，反省作为一种重要的思维方式，指的就是对于头脑中思维的理性的把握。也有人会形象地称它为“‘思维’的思维”。

伟大的哲学家苏格拉底曾对反省有着这样的认识：“未经审视的生活是无价值的，不管你此刻正充满希望地走向生活，还是在人生的沙场上奋力拼搏；不管你是一帆风顺，还是正与厄运抗争；不管你崇尚轰轰烈烈地大干一场，还是情愿平平淡淡地经营安逸的人生；你都必须不时地停下来，审视你的生活，与你的内心相接触，你必须不断地了解世事，不断地发现自我，惟其如此，你的精力才会成为你的财富，你的生命才会为你自己所有。”

对自身的所作所为进行的思索和总结是反省的一种。自己说过的话、做过的事，都是自己直接经历和体验的，对自己的一言一行进行反省，反省不理智之思、不和谐之音、不练达之举、不完美之事，往往能够得到真切、深入而细致的收获。同时，对于别人的经验教训进行思考及总结，也是一种反省。对于聪明人来说，从别人的教训中获取经验是最为划算的提升方式。这也就是在告诉我们，在日常的生活中，我们不仅要对自己的行为进行反省，还要能够从别人的失败中得到启发，这样即能让我们少一次消极的体验，多一分经验的学习。

其实，能够学会反省也相当于掌握了一种学习的能力。和对手作战要循序渐进，是一个急不得的过程，我们就难免在此过程中不断地犯错误。学会了反省的人，就能够在这个过程中不断地认识到自己的错误，从而改正自己的错误。通过反省来学习新的东西，就能够弥补自己的不足，增加自己与对手竞争中的战斗力。反省是对自身所作所为进行的思考和总结，这样往往能够得到深刻而细致的收获，这要求我们不但要勇于面对自己、正视自己，而且要及时进行、反复进行反省，疏忽了、怠惰了，就有可能放过一些本该及时反省的事情，导致自己再犯错。

夏朝时，诸侯之一的有扈氏叛军领兵入侵边界，与之对阵的是夏禹的儿子伯启，结果伯启失败了。他的部下觉得这一次败得很亏，想不通，于是跟伯启请命说是要继续攻打，但是伯启说："大家不必冲动。我也知道我现在兵比他多，领域比他广。可是占尽优势的我却输了，这一定是我的德行不如他，或者带兵方法不如他的原因。从今天起，我一定要努力改正过来才是。"经过战败后，伯启每天做到早起晚睡，不再锦衣玉食，开始贴近百姓，任用有本事，有能力的人，尊敬那些有名望的人。就这样过了一年，有扈氏知道了伯启的做法后，不敢再来侵犯并自动投降了，发誓以后绝不攻打伯启。

在军事上的能人尚且如此，文人就更是细致入微了。唐代的白居易，每次写完诗篇后，都要认真反复地修改，直到作品能够让没有进学堂的老太婆听得懂再"发表"。法国的小说家巴尔扎克在写完小说后，总是会用长达几个月甚至几年的时间来对稿子进行修改，不断修改到自己满意再最后定稿。正是这种不断自我反省、自我修正的态度，让这两位文人显示出了比其他作家更多的才华，取得了巨大的成就，让世界必须记住了他们。

执著，自大而心胸狭窄的人一般都很骄傲自满，“保护自己”是他们时时刻刻都关注的事情，他们时刻准备着犯了错误后把全部责任推到别人的身上去，气势满满地压得别人喘不过气儿来，自己却轻松而自在。在这帮人的眼中，自己是独一无二的宝，其他人就是随处可拣的草！这类人很难发现自己的这个缺点。因为在别人成功时，他们只是冷冷地笑几下；别人给他们提点小建议，就用不屑一顾地一声“哼”来回答大家。

没有人能保证自己每一件事都做得对，从不犯错误，重要的是以什么样的态度对待自己的过失、不足和错误。每个人都不是完美无瑕疵的，都有说错话、做错事的时候。如果每天进行严格地剖析自己，对生活中所遇到的事进行认真的分析，以古代文人的严格要求自己呢？“一日三省吾身”在今时今日的社会中许多人却很难做到，现代社会人人都懂得自加，却很少有人懂得自减，“长于责人，拙于责己”或以“自我为中心”似乎是现代人的通病，总是认为自己说的做的都是对的，都是有道理的。有时我们在没有恶意的情况下说了一些话，令别人不开心，甚至伤害到别人，但我们对别人的不开心，或受到的伤害却一无所知。很多对手可能就是因为工作中的碰撞而形成的，在工作中虽也忙忙碌碌却不分主次、没有目的，最后导致自己对手林立却不自知。人的意识往往是对外的，总是把意识投向“我”以外的人和物身上，而很少会反身自问。我们很容易批评其他人，是因为说对手某某做得不对，却总是遗忘了自己而品评他人。

那么我们是圣人吗？当然不是。每个人都有缺点，每个人都会犯错，所以，为什么不静下心来反省一下自己呢？曾子说："我每天多次反省自己，为别人办事是不是尽心竭力了呢？同朋友交往是不是做到诚实可信了呢？老师传授给我的学业是不是复习了呢？"如果有了过失而不自知，从而越来越滑向错误的深渊，这只能会造成自己更进一步的损失。

一个有着反省自己能力的人往往大方、谦虚和宽容。在别人成功时，他们会送上最真诚的掌声，同时也会不停地寻找自身的错误，也只有在不断的反省中，我们也才能慢慢地提高自己的能力，发现对手和其形成的原因，这样才不会使他们成为我们向成功迈进的绊脚石。

6.

内外兼修，扬长补短

每个人都在轻视那些有财富却没有底蕴的"土老板"们，说他们的文化水平与精神财富贫瘠，除了有一点财富其他都是穷人，然后对此甚为不屑。这虽然是一种极端的思考方式，但是我们可以从中看出一种可怕的状况——你成功了，却还是不能得到大家的承认。你的对手是因为你从心眼里鄙视他们，你认为他们都是单一为了物质挣扎的人，从而留在表面，让对方发觉，对你加强敌意。其实单单是公众意义上的功成名就在如今的世界是远远不够的。因为那太过浅薄，而一个人常行浅薄之事必然会导致很多人的厌恶。而如何增加自己的厚度，提高内涵就成为一个人迈向成功的必修课之一。或者说，一个人想要让对手消失，就必须内外兼修，扬长补短。

修外容易修内难。因为所谓内在是一个需要长期积累，而且需要花心思去觉悟的东西。很多人把这个“修内”的过程单纯理解“读书”，是非常大的谬误。读书只是去阅读文字。而“修内”的关键是在于阅读过后的思考。若没有思考，读在多的书到最后也不过是一句——就是这样而已。一个人对阅读的理解，最终应该回归到理解、融汇和对艺术本身的欣赏。阅读时也不能本着功利主义的思想，盲目的认为我一定要从中获得什么才去阅读和欣赏艺术。功利地欣赏艺术只会给人带来不悦。

一个富翁觉得生活中没有快乐，于是，他背上自己大多数的财富，决定到老百姓的世界去寻找。可是，他踏遍了天下各个地方，到头来还是一无所获。他沮丧地问过路的樵夫，去哪才能找到快乐。樵夫将背上的柴草放下，笑着抹了抹脸上的汗水说道：“我从未去寻找过快乐啊，每当我把柴草放下来的时候，我就觉得很开心了。”富翁听后恍然大悟，自己每天压抑的情绪不正是来自于身上背负的那些沉重的金银财宝么?！害怕有人来偷、来抢，时刻处于这样的担心之中，又怎么快乐得起来呢。于是他开始做善事，每去到一个地方，就会把他的资产分给当地的穷人，虽然他拥有的财富越来越少了，但是他却越来越感觉到轻松和愉快，快乐就这样被他找到了。

人们今天嘲笑这位富翁不知道如何得到快乐，其实，细细琢磨，我们又何尝不是呢？太大的社会压力、太快的生活节奏，让我们无形中就陷入了追求功利主义的漩涡之中。为了一点点蝇头小利都能争得头破血流，怎么能感觉到快乐。只有本着这样的快乐的心境去丰富自己的阅读，去欣赏他人的感悟，你才能从中获得更大更多的价值。

有人说：思想有多远，我们就能走多远。人的心理暗示，就是人自身的潜意识一定会把人指引到自己所规划过的情景中，这种情况在心理学上叫皮格马利翁效应。对手越来越讨厌，自己越来越不顺利，或许其中有很大一部分是自己心中的问题。我们放弃了自己寻找快乐的权利，纠结于对手的讨厌中。侧目跳出现在的境地，当个旁观者看看，如果改变自己加给对手的讨厌心理，试图和他化敌为友，岂不是利大于弊。

对个人品质的提高，需要通过长期的修炼。如何能够让自己拥有开阔的心境，如何能够在面对他人的质疑时一笑置之，如何在紧张的状况下从容以对，这些都需要不断的内修来获得。给自己多储备一些书籍，尤其是一些名人的传记，通过他们的人生经历，你将会看到许多不一样的世界。经典的古文更是不可或缺的，他们用凝练的语言表达出的无限的意境，在你品位与思考的过程中，也是对自己身心的一个提高。

修外，即代表着个人能力的跃进，人在进步过程中，要懂得规划体系，懂得按照一个文化思路来前进，才能做到有厚度有高度。

首先，要懂得技术是一座桥，上衔“品牌”，下接“生产”。自己要为自己提炼技术，把自己作为一个优秀的“品牌”来打造，有了技术，就是“硬货”了。再如何艰难困苦也难不倒你，而且你可以通过你的技术来为自己创造价值，有了技术，从外面看始终绚丽，从内部看你能创造价值，所以这是你的核心。

其次，简单就是力量。很多时候，我们往往把事情弄得太复杂，让常人不懂让自己也迷惘。许多事情就应该像广告一样简单明了，这就要求你学会目的性强，做事做人都直奔主题，拐弯抹角那最后必然一无所获。唯有在布局上集中突破，最大限度降低阻力，集中力量打歼灭战，自己最后才有希望获得全面的胜利。

最后，你要明白，任何人在系统之外孤军奋战，都是系统的巨大损失。马云说他自己以前是扛着所有的汽车零件在走，在阿里巴巴创始之初，他意识到必须把它们组合成一辆汽车，然后发动、狠狠踩下油门，让系统产生速度，最后才能走向成功。人的知识、人际、城府等等能力就是这些一个个的汽车零部件，你得把这些零部件整合成为一辆汽车，它才会让你往前走。出现了对手可能就是你这部机器没有合理地将零部件规整好，没有取长补短，去改善处境。种种有形的无形的争抢，会强化分歧，导致对方反感，继而让关系恶化。不信任导致的“竞争”，无异于让你的生意，事业，工作等慢性自杀，永远都会有不讨你喜欢的小人围绕着你。

内外兼修是在奠定基础，扬长补短则是将这基础的作用最大化释放出来。面对对手时，最有利于你的攻击武器必然是你自身的优势，对你造成最大威胁的则是你的缺点，能够发挥出你的优势，避免对手利用你的弱点，成功的皇冠离你就又近了一步。

在时间管理上日本人和美国人不同的观念就可以给我们启迪，在一次参加讲习会的时候，一位日本主管就以日本人与美国人在这点上的相当不同，给旁人上了一课。在一次普通而正常的商务会议中，美国人细心规划了5天的紧凑工作进度，到了日本，也碰到了日本人常有的开始不谈业务的习惯。美国人一到日本就立即开始工作，日本人却不慌不急地为远道而来的客人安排了优雅的品茗会来致意，完全没有谈过任何细节，时间一天又一天地过去了，日本人保持着缓慢的步调，美国人却变得愈来愈着急。对美国人而言，时间如同敌人要与其不断赛跑着，可日本人把时间当成了盟友，认为时间如酿酒越陈越醇。

美国人一向以科技的先进而傲视全球，任何一个电子品牌的更新换代都引起世界市场的关注，但是美国人也有一个特点就是非常关注时间的重要性。曾有调查显示，美国人是世界上每天看手表次数最多的民族。日本人则以享受慢生活，追求和平宁静的生活状态成为当下标榜低碳生活群体的学习对象。在技术能力水平方面来说，日本确实不及美国的高度，但是在双方交涉业务时，日本并没有因为这不足被美国制约，而是利用自身对时间的看法这一优势，拖住对手的步伐。

英国作家毛姆说过："只有平庸的人才总是处于自己最满意的状态。"做一个聪明的人，就要做一个永不自满不断进步的人，内外兼修，德才兼备，为自己打下坚实的基础，同时在面对竞争时做到扬长避短，放大优势的能量，避免弱点的牵制，定能屹立于任何一个角斗场。

第九章

酒逢知己千杯少

“化敌为友”不仅是战争的最高境界，也是做人修养的最大挑战。面对一个曾让你心神不宁的对手，你不仅看到了你们之间的剑拔弩张，竟然还能看到他身上让你钦佩的闪光点，你会发现，“惺惺相惜”的感觉不比“胜利”来得差强人意。

1.

值得欣赏的对手

最近小王一直百思不得其解，为什么最近对手公司总是可以战胜自己所在公司的团队，大客户都被他们给抢走了。如果说是因为自己公司实力不强、公司规模不够大或者产品质量真的比他们的差也就算了，自己还能接受，可是关键就是自己公司各方面都并不输给对手啊。这个谜团着实让小王迷惑不解，怎么都想不通个中缘由。在一次又一次的失败面前，小王是又气又急，自己用尽心思制作的方案都变成了无用功，团队成员的士气明显低落了，到底问题出现在了哪里？

机缘巧合，有次小王和朋友聚会的时候无意间聊到了对手的公司，小王想起自己最近事业上的不顺利，不由地露出了低落的神情，他带着点羡慕地说："那间公司做得很成功呀，他们最近可真是接了很多客户呢。"

没想到他的朋友也称赞地说道："是么？你们也和他们有生意往来？是啊，小张做事专一，牢靠，不贪图蝇头小利，为人低调，爱好学习不断钻研。最重要的是从来不说对手的坏话。有的时候还会对对手的长处优势给予充分的肯定和夸奖。在谈到一些技术问题时，小张很快就能给出解决方案，如果不会了就立马承认，然后短期内就能给出后续的解决方案。待人处世上更是彬彬有礼"。听后，小王心里的郁结就解开了。是啊，现代这个社会，当价格质量这些都不再是竞争因素的时候，那么售后服务，为人处世就成了出其不意制胜的法宝了。渐渐地，他对小张多了一份敬佩和欣赏。

你还在痛恨对手抢走你的客户吗？你还在抱怨对手下手太狠不留余地吗？你还在哀叹自己郁郁不得志对手出手太快了吗？拜托，不要浪费这个时间自怨自艾了。如果你技不如人就赶紧补充技能。如果你为人处事不灵光就多磨炼磨炼。当然，与其自己关在屋子里不停地对着墙面反省自己，不如多花点时间琢磨琢磨对手。一个可以轻易抢走你客户的人也许口才比你好，待人更真诚些，对客户更耐心一些。总是捷足先登抢占先机的对手一定消息灵通，人脉广泛。轻而易举就打败你的人身上一定有什么是你没有的，所以你才会输。

不要老是从负面的方面来看待对手一词。我们传统上总是把对手理解成势不两立的敌人，眼中针，肉中刺，心腹大患。觉得那是我们要用尽办法击垮的人。那种心情就像是王后看到了白雪公主比自己美一千一万倍之后内心充满了妒忌和恨，总觉得把她杀死了或者把自己打扮得更漂亮了，才能从心底感到释然。其实不然，没有谁规定对手就是水火不相容的人。当你在一门心思的想如何使用一切资源一切正当的或者旁门左道的方法去打败对手时，其实可以从一个欣赏的角度来看待对手。就好像半杯水的原理一样。悲观的人会因为半杯水而觉得失望，乐观的人会觉得还能有半杯水是多么幸福的一件事。我们也可以从一个积极的方面来看待对手这个问题。你会发现，对手犹如魏征，时刻让你警惕，奋进，提高，是促进你进步的主要力量。有对手是一件好事。对手之所以存在是利大于弊的。对手的存在暴露了自己的不足。比如一个颇受市场欢迎的产品的推出，它的新功能一定是备受瞩目的地方。其他的产品之所以被比下去就是因为他们的功能大致一样，没有新意。所以对手抢占了先机赢得了市场。而你也可以发现这些原来你没想到的进而得到提高。对手的存在也促进了自己的进步。看到了对手的新创意，被激起了战斗心就会努力赶超，研发新的产品。

那么什么样的对手是值得我们欣赏的呢？

首先，当然是那些比自己强的成功的人。这点是毋庸置疑的。只有比自己强的人我们才会把他们当成理所应当的对手。才会被激起强烈的追赶欲。那些对手的闪光点是比较明显的。例如那些成功人士，他们的成功秘笈不知被多少后辈翻来覆去地研究学习效仿。中国首富李嘉诚先生的语录事迹不知道被多少人奉为经典。虽然中国富豪不计其数，但没有一个人的影响力能够超越李嘉诚。他的历史算得上是一个传奇，他的经历可以说是一个奇迹，是所有人羡慕的对象。他为人勤奋上进，在早期父亲去世时，他为了承当起整个家庭，只好辍学打工，由于勤奋上进业绩飙升，18 岁就当上了经理。他敢拼敢干。22 岁的时候借钱加上自己的积蓄正式创建了“长江塑胶厂”。他眼光独到。一次在看《塑胶》英文版杂志时发现一个小小的版面写到，某某意大利工厂研发了新型塑胶花并决定投入生产。他立刻发现了商机，考察了市场后发现，由于战争过后人们的生活水平和质量明显提高了，而且塑胶花价格便宜，优雅大方，必定大受欢迎。他的塑胶花很快销售到了东南亚和香港，同时由于欧洲市场对塑胶花需求急需增加，他也接到了很多欧洲订单。前后 7 年，他获得了几千万港元并赢得了“塑胶花大王”这个美誉。他目光长远。物极必反这个道理使他觉得塑胶花市场可能会逐步萎缩，所以他毅然决然地转投塑胶玩具市场。当别的生产塑胶花的工厂纷纷倒闭时，他已经占领了塑胶玩具市场。

其次，能让我们视为对手的人一定也是旗鼓相当的人物。

因为水平相近所以才有更多的可比之处。中国有句名言“师夷长技以制夷”当你学会了对手的绝活时也许就是你战胜他的时刻。你学会了他的长处了解了他的优势，那么你就比他多一分把握多一分自信。在中国体育界更能体现这一特点。在运动员平时训练时，教练会拿对手历届比赛的录像给运动员反反复复地看，就是研究他们的战术、比赛技巧和手法。知己知彼方可百战不殆。另外在2008年北京奥运会上，我国运动员取得了辉煌的成绩，个别项目还打破世界纪录。据资料显示，在众多教练中，外籍教练占了28位。男子佩剑个人决赛的冠军仲满的教练是来自法国的鲍埃尔。而最后的决赛时中国队仲满对抗法国选手洛佩兹。能达到决赛的两个人其实力自然是旗鼓相当，而仲满取胜的因素里来自法国的训练理念是不可忽视的。另外，中国女子射箭队在2008年北京奥运会上也取得了非常好的成绩，其中张娟娟还赢得了女子个人射箭冠军。她的教练，来自韩国的杨长勋功不可没。众所周知韩国射箭实力在世界上是坐第一把交椅的。韩国教练的执教带来了韩国射箭的技巧和训练方法，使中国队认识到不足和差距，了解了韩国制胜的秘诀从而提高了中国射箭队的水平和实力。

最后，不要轻视比自己弱的人，他们也是潜在的对手。有的人觉得实力不如自己的人根本不足挂齿，从而掉以轻心疏于防范。其实不然，别人虽然一时不如你。但他也会努力也会奋进，也许哪天在不经意间就超越了你。另外，即使不如自己的人他们身上也会有闪光点。我们小时候经常唱的那首《蜗牛和黄鹂》不就是很好的例子吗？瞧不起蜗牛的黄鹂被不卑不亢努力奋斗的蜗牛深深地打败了。蜗牛也许一开始是不如黄鹂飞得快，爬得高，可是只要不放弃努力，总有一天蜗牛也会超越小黄鹂。

生活当中处处都是对手。工作上有跟你竞争升职的人，学校有跟你争第一的同学，唱歌比赛中有跟你竞争晋级的选手，我们要放平心态，学会用友善的目光去欣赏别人的优点。谦虚的学习别人的长处。这样才能提高自己，增强竞争力，获得成功。

2. 遇上旗鼓相当的对手是件幸事

有生之年，狭路相逢，总不能幸免。茫茫人海之中，我们总会遇到这样或那样的对手，实力相差太悬殊的总是抬头仰望不敢奢望能与其并肩而行，实力差于自己的，有时又未必肯低得下头看得到。我们关注更多的是那些和自己实力相差无几，水平非常相似的人。就好比拥有同等资格去升职的人。能同在候选名单内，必定工作能力，学识水平都在同一水平线上，而不可能一个是精英一个是庸才。那么怎样才能打败对手获得成功呢?

不急，我们先来看一个寓言故事吧。森林里面，只有大象才能和狮子分庭抗礼。所以狮子无时无刻不想打败大象称霸森林。令狮子惶恐不安的是大象那条长长的大鼻子，所以狮子决定从它的鼻子入手想办法制服它。

一天，狮子在散步的时候遇到大象，称赞道“您的四个腿强壮有力，耳朵潇洒漂亮，真是太威武了，可是，就是……”大象本来听得挺高兴，见狮子这么一停，就问“可是什么?”“您的鼻子实在是太不协调了。您看，整个森林里谁有您这样的鼻子啊？所以大家才在背后偷偷地议论您，觉得您是我们当中的异类”。大象听后很是不高兴，当自己想一想，觉得也有道理。为了改变大家的观点，大象决定去整容，把鼻子剪掉。

被剪掉鼻子的大象虽然很疼痛，但依旧在林道中悠然自得地散着步。忽然，它又遇见了狮子，得意洋洋地炫耀着“这下我该很完美了吧!”狮子冷笑道“完不完美吧，已经不重要了，因为现在你该为此付出代价啦”。说完就向大象扑了过去……没有了长鼻子的大象又怎么会是狮子的对手呢。谁胜谁负，一眼就明了了。

森林动物都有如此强烈的竞争意识，更何况是我们人类。一个没有对手的动物一定是安逸不思进取的动物，一个没有对手的人也会是个死气沉沉的人，没有丝毫战斗力。没有对手运动员怎么比赛，怎么分出胜负，怎么分出高下，没有对手运动员也不会有精神去训练，就没有动力就激发潜能。就犹如金庸笔下的独孤求败，即使武功盖世也总是不开心，一生没有碰到对手，最终郁郁而终。所以，对手的存在，在一定程度上刺激了我们的成长和进步。

实力相当的人其实更容易激发斗志。无论是跟太强或太弱的对手对比都不会有强烈的赶超之心。和太强的人过招失败的几率太大了，而现在的人又是那么的害怕失败，所以大多都选择了逃避，只敢把他们当成遥不可及的梦想。和太弱的人比武，又觉得没有成就感，无法尽情发挥，心理得不到满足也不会找到自信。所以很多的人选择旗鼓相当的人来竞争。只有这样的对手才能真正让人燃起熊熊斗志。很多武侠小说里的侠客一生所追求的不是豪宅古董等身外之物，也不是虚无缥缈名利官爵，而仅仅只是一个棋逢对手的人，酣畅淋漓地打上一场。那种快感和成就感是给他任何宝物都超越不了的。

即使是旗鼓相当的对手也一定会有好的对手和坏的对手之分。一个好的对手，你也许可以从正面对决，跟他一场真真正正的公平的战斗。这样的对手会教会你很多东西，比如自己以前从不知道的讯息，不曾用过的手段，不懂得运用的管理方法，怎样去修改出错的运营策略，从而让你受益匪浅，获得进步。我们也可以心平气和地接受这场战争的最后结果。就好比国与国之间的竞争，随着全球化的进程不断扩大，带来的结果就是兴荣与共，一损俱损，一荣俱荣。众所周知，美国是世界上公认的最发达的国家。中国是世界上发展中国家中发展最快的国家。这两个国家之所以备受瞩目并且经常被拿来比较，其中一个原因就是因为他们都把彼此当成竞争对手。美国的高科技产业一直占世界领导地位，而中国的劳动力市场一直很庞大。美国部分产品一直在中国生产然后运输到世界各地销售。而中国则不断引进，借鉴和学习美国的高科技，从而研发出属于中国自己的高端产品。从中，无论是中国还是美国都获得了极大的利益。这种竞争方法既不影响两国关系反而促进了两国的交流，共同发展共同进步。这就是一种积极的正面的竞争。

选择对手也是一件非常重要的事。与一些好的竞争对手博弈也许就会学到很多东西。但是事事无绝对，任何事情都有两面性。有正当的商人存在就一定有不法之徒企图鱼目混珠，有好的学生靠脚踏实地来取得好成绩就有一些企图靠打小抄抄袭取得高分的小孩。有靠彪悍的业绩争取升职的人当然也会有好想走后门就一步登天的人。这些人也是我们的对手。与这样的人竞争会出现很多种结果，其中一种也就是失败了。假如别人都是用这种不正当不入流的手段，你被逼无奈有的时候也会选择以牙还牙以暴制暴。这个时候往往就是两败俱伤了。就好比企业间的恶性竞争。对手往往用低于平均价格甚至成本价来销售跟你一样的同类产品，逐步扩大了市场份额，而你在毫无办法的情况下不得不定下比对手更低的价格来抢占市场。结果可想而知，即使你赢得了市场也没有盈利。

众所周知，超市这个行业是经常容易出现垄断现象的，垄断则是一种快速占领市场的行为。而实现垄断的最有效的方式就是低价格竞争。价格竞争这种方式运用得好就可以实现垄断占领市场，但是运用不当，则很容易一败涂地。讲一个我身边发生的事。我的家乡是一个小城市，在我家附近呢，有一家超市公司想要在这里开一家店测试一下市场。头一开始，他觉得应该从高品质低价格来吸引客户。可是，开业没多久，隔壁也开了一家超市，价格更低廉，每次打折搞活动都比他的划算。所以渐渐地，他这里的客源都流动到了隔壁。没有办法，为了抢回客人，他只有又降低价格，这样客人虽然回流了，但是，营业额却上不去。这个时候最常发生的事就是，你降价我也降价，就看谁实力雄厚坚持得久了。没有盈利的超市自然坚持不久，价格战打得越是持久，赔的就会越多。最后还没过半年，这两家超市都终于坚持不住了，关门大吉了。这种事情经常发生。恶性竞争导致的结果往往就如同二虎相争，两败俱伤，谁都占不到好处。

无论做什么事，竞争总是不可避免的，如果不想被淘汰那就努力吧。遇到一个可以与你匹敌的对手，那是一件幸福和开心的事，值得我们学习和欣赏。与好的人过招可以获益匪浅。而遇到耍手段使阴招这类不好的竞争对手时，要保持头脑清醒，切勿以暴制暴，造成恶性循环，得不偿失。

3.

对手还是朋友

有一句很有名的话是这样说的，在这个世界上没有永远的敌人，只有永远的朋友。最了解你的人往往不是什么亲朋好友，父母兄弟姐妹，甚至不是你自己，而是你的敌人你的对手。只有他们会花很多心思很多时间来了解你研究你，知道你的优势在哪里，你的缺点又是什么。只有把对手研究透彻了，才能一击即中，真正的打败对手。但是，很多时候，当你将对手研究得越透彻，你就会越对他感到敬佩和欣赏，那种感觉也许可以用英雄惜英雄来形容。永无止境的攻击倒不如坐下来喝杯茶聊聊天。也许对手可以是动力，朋友甚至是知己。没有对手的英雄是寂寞的，没有朋友的人是死气沉沉让人绝望的。朋友和对手并不冲突。你可以是我生意场上的对手，但生活中我们可以是畅谈理想的朋友。你可以是我拳击台上要击垮的人，但我们可以赛后握握手，交个朋友。你可以比我漂亮比我身材好，但这不影响我们成为闺蜜。

历史上曾有很多强者对手惺惺相惜，互相帮助。像管仲和鲍叔牙就是很经典的一对。春秋的时候管仲和鲍叔牙结为至交，又一起做生意。每次结账分红的时候，管仲总是多拿一些，外人知道后，总是替鲍叔牙感到不平。谁知，鲍叔牙却替他辩解说：“管仲家里情况不好，经济条件差啊，让他多分一点又何妨”后来，管仲领兵打了几次仗，总是躲在后面，逃跑的时候却一马当先。人们总是以此来讥讽管仲。而出来为他辩解的还是鲍叔牙“管仲家中尚有老母，他不怕死，只是怕母亲无人奉养啊”。

后来，鲍叔牙帮助公子小白夺得天下，小白即位也就是齐桓公。而管仲当时则追随公子纠助其和齐桓公争位。后来齐桓公即位后将管仲打入牢中，成为了阶下囚。在这个时候，为其求情的人依然还是鲍叔牙，他向齐桓公觐见说“管仲是一个人才，本领远远超过我。如果您只是想治理好这个国家，那么我可以帮得到您，但如果您想成就霸业，那么您就非管仲不可了呀。”后来，齐桓公听从鲍叔牙的建议，重用管仲，最终成为了春秋五霸之首。我们知道，当管仲和鲍叔牙各为其主时，其实是形成了对手关系的。在管仲落难时，身为对手的鲍叔牙没有趁机落井下石，反而是伸出了援手助其渡过难关。这说明，欣赏对手，给予对手充分的肯定，对手也是可以成为朋友的。

有时，对手不一定要你死我活分出个胜负，对手也可以是朋友，也可以互相鼓励互相帮助。我们都知道在金庸小说《射雕英雄传》中，金轮法王是个反面角色。他企图用计谋夺取武林盟主，嫉妒杨过的武功而一次又一次地陷害他。但是，我们从一些小的细节上是可以看得出来，其实他是非常欣赏杨过的，否则也不会一次次地利诱杨过，为了光明正大地打败杨过而去练成龙象波若功。后来，他欣赏郭襄的聪明才智，把他当宝贝似的疼着，用尽办法的想让郭襄拜他为师，直到最后舍身救郭襄，都可以看得出来，他是一个敬重欣赏对手的人，把对手当成激励自己不断进步动力，朋友，知己。

格斗界有一句很有名的话“切磋时是对手，格斗结束是朋友”。也许他们会在台上用尽各种方法去攻击对方打倒对方，但是一下了台，他们会勾肩搭背一起喝茶聊天。其实对手只在一个特定的范围内存在。比如，职场上的对手是生意场上的竞争者。武者的对手是武学上可以切磋比划的人。学生的对手就是那些比自己成绩好的人。服装设计师的对手就是那些比自己更有灵感更有才华的人。但是那仅仅是在同一个领域中的竞争导致形成的对手关系。同一领域不同公司的两个职员也可以一起相约喝茶聊天逛街啊。台上比划的虎虎生威的两个师傅也可以坐下来下下棋论论道。学习成绩排名总是十分紧靠的两个学生也是可以一起打打篮球的。所以，不是任何时候朋友和对手都可以划分得那么清晰的。

一个了解你的对手也会是一个很好的朋友。只要你试着去理解试着去接触，就会发现朋友和对手有时并不是绝对对立的。这两年大热的功夫片《叶问》中，一开始就是金山杀气腾腾的找叶问单挑，失败后愤而离去。随后几次试图扳回一城但都未果。随着渐渐接触得多了，就发现叶问身上的优点了，看到了自己武学造诣上的不足，渐渐对叶问心生敬佩，到最后一同抵御外敌成为知己。但我想，也许在某个下午，两人还是会过上几招，切磋切磋，一向不服输的金山找还是会用尽全力去击倒叶问，因为他在那个台上，叶问是他的对手。当下了台，没有了比试，没有了切磋，他们照样还是生死与共的好朋友。

既然对手都可以变成朋友，那么反过来，朋友当然也可以是对手。为什么可以成为朋友呢，那是因为可能性格相似，观点不谋而合，有志同道合的东西存在，在一起可以有说不完的话，说多少都不会觉得腻。可以互相称赞，互相鼓励，失败时可以安慰你，伤心时多来开解你。所以你们才是朋友。但不知道，有没有人注意过这样的心理。当朋友买了一件很漂亮的裙子时，你虽然会不住赞美，但转过头也会买一条你觉得比她的更漂亮的裙子。哪个好友买了个好看的鞋子，你也会跟风似的买一双。扎了好看的发型，自己也会绑一绑。也许很多人都会觉得很熟悉，对了，这不就是校园里那些感情好得似亲姐妹的人经常干的事么。人们只看到了表象，却看不到阴暗处的波涛汹涌。这其实也是一种攀比心，是一种暗地里的较量。也是朋友间的一种竞争方式吧。其实，好朋友之间最容易形成对手关系了。

一对好朋友在看成绩排名榜时，也许最先关心的就是我在你上面还是你在我上面。即使是买了同一样衣服的两个好姐妹也会在意别人说谁穿着会更好看些。女友甲买了一件带蕾丝边的牛仔裙，女友乙看了看说，还好。其实甲懂乙的意思，在她说还好的时候就是说其实很一般。甲笑了笑没说话，继续开心地穿小裙子。两天之后，乙去逛街回来，带回来一条一模一样的裙子，嘴里还说其实不是很喜欢就是图它打折了便宜。你看，即使是好朋友也会暗地里较量的。

世界上有那么多的人，他们可以是你的对手，也可以是你的朋友。朋友对手也可以统一到一个人身上。有句歌词说，你是我最强的对手，你是我一生的朋友，但愿一生都是平手，一生还有什么可求。对手是不可缺少的，朋友更是不能没有的。最好的结果就是将对手变成了朋友，友好平和地继续竞争下去。

4. 不要吝啬你的赞美

生活中，当我们取得成功和胜利时，我们会为自己庆祝，称赞奖励自己，但对手取得成功时则表现得无动于衷或者是不屑，讥讽，很少有人会从心底为对手叫好，称赞或者表扬他们。我们都知道，为自己叫好是一件容易的事，为别人叫好难，为对手叫好就更难了。可是，给对手赞美并不意味着你承认自己输了这是一件丢人的事。相反，这样更能体现自己的涵养，给对手赞美是一件美德。这非但不会伤了你的自尊心，反而会赢得更多人的尊重，获得更多的友谊和合作机会。本杰.富兰克林曾经说过“不要诋毁任何人，即使他有很多众所周知的缺点，那你也要尽量找出一些优点来。”称赞对手是一种智慧，因为在你称赞他的时候同时也可以发现自己的不足，不断地提升和完善自已。称赞别人也是体现修养的一种方式，在不断的称赞和欣赏对手的过程中，逐步地养成不嫉妒不自私的良好心理素质，从而得以培养出大家风范。

从前有一个小提琴家，在他为学生指导演奏的时候从来不说一句话，总是学生演奏完他再拉一遍，让学生自己从倾听中知道自己的不足，得到教诲和领悟。有一次他新收了个徒弟，在拜师会上，学生照例演奏了一曲，这个学生很有天赋，演奏得非常完美，出神入化。演奏完毕后学生静静地站在台上等老师指教。老师慢慢地走到台上，照例拿起小提琴放在肩上半天未动琴弦，然后放下琴，缓缓地走下台，在众人观注下，深深地吸了口气微笑着说“他拉得太棒了，我没有什么可以指导的呀，如果我再拉一遍也只是误导。”这个演奏家对学生毫无保留的称赞和褒奖，表现出了宽大磊落的胸怀，从而赢得了全场观众的掌声和敬佩。

当你赞美对手的时候，你们就会成为朋友。在现代这个社会，我们有着不计其数的对手，当我们把鲜花和掌声送给对手的时候，所表现出来的是一种宽容大度也是一种良好的修养。

只有对对手真诚的赞美才能散发更大的人格魅力，更能靠近对方，取得成功实现梦想。有一个人去一家很有名的广告公司应聘，第一轮测试下来包括他一共有10个人入围。第二轮的测试内容其实很简单，就是要求每个人画一幅作品，然后当众让另外几个人打分和写上评语。在打分的过程中，他发现好几个都特别的有才华，令他很佩服，怀着复杂的心情他还是给对手打了高分写下了溢美之词。到最后应聘成功的包括他一共就四位，他打高分的才入围了一位。他很是意外。后来是公司总裁的一段话令他幡然醒悟。“能入围到第二阶段的人其实都是佼佼者，专业水平都比较高。公司考虑人才这方面是一个重要因素，但不是决定因素。一个人才必定要有广阔的胸襟，能够懂得欣赏和赞美对手。只会一味地打压和贬低对手的人，心胸就狭隘了，是不能称之为人才的。落选那几位就是因为缺乏欣赏对手的眼光不懂得称赞对手。而这一点比专业水平技术业务更来得重要。”正是因为他对对手毫不吝啬的赞美为他赢得了机会。

社会就是一个大舞台，也是一个竞技场。人生也是一场表演，也是部奋斗史。我们每一个人都需要别人的表扬和掌声。如果所有的人都是沉默地竞争着，那么生活该是多么的索然无味。赞美并不是阿谀奉承溜须拍马，它是出自于真心的真诚的，是对别人努力付出的一种认可和肯定，它更是一种风范，是现代竞争社会中人们该具备的素质和修养。赞美对手，是因为从他们的身上看到了我们的不足，那是我们要学习的地方。赞美对手，成就的是我们自己。人是一种很奇怪的动物，当你能够一眼就看到对手取得胜利的原因时，其实潜意识里是知道那才是自己缺失的地方。当你称赞对手是多么刻苦的时候，自己也许就是散漫惯了的人。当你称赞别人仪容端庄大方时，也许你就是平常太疏于打扮了。这是一种心理反应。这个时候你就该知道你努力的方向了。赞美对手就是为自己前进的道路指了一盏明灯，并最终到达胜利的彼岸。

有一个刚毕业的大学生去一家公司面试。去应征的有几十个人，应征者在台上面对评委侃侃而谈，其余的应聘者在领导后面的待定席上听。一个应聘者在台上落落大方，神定气闲胸有成竹地演讲，引经据典，口齿伶俐，观点鲜明。吸引了众多目光。此时传来了一声声喝彩和掌声“太好了，太精彩了。”在严肃寂静的考场里，这些赞美和掌声显得尤为突兀，却也显得那么洪亮和真诚。众评委齐齐往后看，然后发出心有灵犀的微笑说“就是你了3号，那个鼓掌的小伙子。”在一片愕然的目光中，董事长站起来说“也许他的学历并不如其他人，但是从综合素质来看，他确是所有人中表现最好的。为什么呢，因为他懂得赞美欣赏别人，一个善于赞美对手的人，一定也是个虚心好学的人。能看到对手的优点，他也能知道自己的不足。我相信他以后也会努力学习不断进步的。这种人才才是我们需要的。”3号选手因为勇于称赞对手而获得了成功。有了这位优秀的对手做对比，他才知道自己差在哪里，该从哪方面着手去改进，以更好地去适应这份工作。

人都有一种渴望超越别人渴望努力被肯定希望能够成功的心情，这是人之常情，也是社会的发展所需要的。有成功就有失败。所有的事情可能有两种结果，一个是你成功了你超越对手了，一个是失败了你被击垮了。当我们成功了，不骄不躁，虚心地接受别人的赞美，更加努力地完善自己。当我们失败时要保持风度，平静地接受，认真地去看看对手赢在哪里，他的制胜点是什么，分析自己的不足之处。给予对方衷心的赞美，这是我们的风度。赞美了对手，你才能真正学会去释怀，胸襟才能广阔。在以后的竞争中才能保持冷静的头脑，平静的心态，更好地去表现。给予对手赞美，但你不是输家，也许你才是真正的赢家，你看到了他的闪光点，你学会了他的制胜术，而这才是最重要的。

5.
偷学对手的长处也是成长

在这个社会中，竞争无处不在，商场上，同行总是用尽各种方法去击败对方，学校中，老师竞争优质资格，学生比拼成绩。竞争是一种无法避免而客观存在的力量，一般来看它是一种阻力一种威胁，但其实不然，若能学习他人之长为己用，变不利为有利。这种威胁力量就会变成顺风帮你扬帆起航，加速前进，犹如帮你增长实力，壮大声势，获得成功也会变得更容易。

习武，有人是为了强身健体，有人是为了打抱不平锄强扶弱，但也有人是为了称霸武林，独霸一方。而日本很明显是属于后者。日本人爱好学习别人的长处，其目的很明确即是为了要战胜对手，而不仅仅只是自卫。我们都知道，从明治维新开始，日本就开始学习欧美的长处，无论是政治形势还是经济发展。日本人善于学习对手的长处然后以此来战胜对手。这就促成了日本在 20 世纪 70 到 80 年代令人震惊的经济发展成就，它甚至对近一个世纪以来在经济领域独领风骚的美国造成了威胁。比如，日本人在学习西方技术的时候，并不仅仅只是学习技术，也学习西方先进的企业管理和品牌理念，用以和欧美企业竞争。

我们都知道，富士是以模仿美国的柯达出身的，在投入美国市场与之竞争时，曾一度把柯达逼入绝境。在第二十三届洛杉矶奥运会上，富士以700万美金打败柯达成为本届奥运会赞助商，在这个时候又有多少人能够记得起它是以模仿对手柯达出身的呢？

学习对手的长处是非常有意义和重要的。富士因为学习了柯达的先进技术而成功超过了柯达。“师夷长技以制夷”大概也就是这个道理。学习别人的技能用以打败和超越他。对对手从来不放松警惕，时时关注对手的动向，不放过任何分析对手弱点的机会，找出对手隐藏起来的薄弱环节，以达到一击即中。

既然对手能够打败你，赢得最终的胜利，那么他的长处一定功不可没，正好，这也是我们要学习的。学习对手的长处是一种捷径，可以清晰地知道自己的不足，快速的进步。学习对手的长处也可以让我们实力更加强大，取百家之长补己之短。只有真正学到了对手的长处才可以出奇制胜，获得成功。学习对手长处也有很多方法。

学习对手并不是一味的模仿，只懂得模仿而不知道别人成功的本质原因，那么是不会成功的。要想更好地学习对手的长处，最最重要的就是，一定要弄清楚他成功的本质，而不是一些表面上的东西。一个成功者就好比经济学中的标杆，标杆的力量是无穷的，但它有的时候也会祸害到很多人。在很多时候人们只知道一味地去追随，去模仿，只记住了标杆，却忘记了自己。成功是在一个特定的环境特定的时间里出现的，存在机遇等偶然的因素，是不可复制的。别人能靠这个方法成功并不意味着你也可以。我们学习他，并不是要模仿他成为第二第三个他，而是要超越他。跟随和模仿对手的胜利方法并不会为我们带来成功，而且对手的方法技能也不是我们最熟悉的领域，运用不好，反而会适得其反。对于我们来说，最好的方法就是跟随学习对方的长处，学会因地制宜地应用学到的东西，走出一条具有新意和竞争力的新道路。

对于对手的学习，一定要学习他的本质，表象的东西只会增加疑惑性扰乱我们的视线。

近些年，凉茶产品从广东向北席卷全国，行业老大王老吉成功引领凉茶时尚。而随后，福建达利公司推出了陈道明代言的同类产品何其正。王老吉的广告语是“怕上火，就喝王老吉”。何其正紧随其后，打出“去火气，养元气”的广告语，在包装上也模仿王老吉采用了红色易拉罐。从消费者的观点来看，怕上火和去火气是没区别的，功效都是一样的，既然都差不多，我为什么不买正宗的凉茶第一品牌王老吉呢？凉茶是华南地区的一种重要保健品，用来清热解毒祛暑湿。王老吉之所以能成功打入市场，就是规避了前辈们的市场风险，不是以保健品推出的，而是以“功能饮料”来卖。这就在饮料市场上与其他产品形成了差异化，所以才有了后来的经典广告语怕上火。而何其正就没有抓住王老吉成功的本质，只以为怕上火才是王老吉的主要成功原因，所以打出了去火气的口号，还另外加了个养元气，这就彻底将何其正定位为一款保健品了。目前在中国，人们连养吃保健品健身的习惯都没形成，又怎么会喝苦苦的“药水”呢。何其正凉茶之所以会失败就是因为没看到王老吉成功的本质。只有抓住本质的东西，加以应用，才能学得像模像样，才会事半功倍。

学习对手一定要学习对手成功的本质，简单的抄袭是不会成功的，走错了这一步，将会多走很多冤枉路。很多人和企业都只是看到了别人成功的表象，在没有深究的时候就去模仿抄袭，也许会学到一些花拳绣腿和皮毛，但忽略本质是不会成功的。在学习上要注重本质，在表现上，要注重创新，结合学到的新技能走出一条与之不同的路。百事可乐即是一个经典的案例。百事可乐推出之前，可口可乐一直占据着大部分市场份额，很多其他公司想要打入这个市场都失败了，因为大家都认为可口可乐才是最正宗的。在这个时候，百事可乐并没有轻言放弃，而是做了很多市场调查，研究了可口可乐的营销策略。最后，根据研究结果，百事可乐在此基础上做出了一个成功的人群切割策略，打出“新一代的选择”这个口号。这样一对比，就会让人觉得可口可乐有些老气，从而打开了市场。对于对手长处的学习固然重要，但更重要的是学会灵活运用，学会创新，这样才能生产出不一样的产品，更容易取得成功。

当我们还在妄想复制别人的成功时，其实注定结局是一场失败；当我们为窃取到别人的方法而暗暗得意的时候，却不知道，失败已悄悄靠近。张开眼睛，仔仔细细地观察你的对手吧，他的成功并不来自于抄袭和模仿，只有努力创新的人才能冲出重围，杀出一条道路。没有人可以随随便便地成功，学习对手的本质，师夷长技以制夷，灵活运用，才能领悟真谛，学到真本领。

6. 很高兴遇见你，我的对手

面对对手的存在，不要只是一味地谩骂讽刺嘲笑了。对手的存在犹如警钟，时刻鞭策着你。没有对手就没有竞争，没有竞争我们这个社会岂不是死气沉沉，毫无生机，又怎么会有进步和发展呢？对手教会了我们很多东西。背叛你的人教会了你什么是忠诚；打击过你的人教会你什么是坚强；嘲笑过你的人教会你什么是自尊自爱。无论怎么样的对手，一次次的交手总会让我们从中窥探到什么领悟到什么，无论是好的还是坏的。在这个时候，不要自暴自弃，咬牙切齿地去憎恨他们，相反，我们要感恩，感谢他们教会我们成长，教会我们怎样进步。要真诚地谢谢他们。回顾历史，我们不难发现，功成名就的人离不开生活的磨炼，对手的激发。

根据有关史料介绍，康熙在位60年之际，特举行“千叟宴”以示庆贺。在宴会上，康熙敬出了他著名的三杯酒。第一杯酒自然是敬给了孝庄皇太后，没有她的帮助，康熙也不会顺利登上皇位；第二杯酒则是敬给了天下的百姓以及满朝的文武大臣，没有大臣们齐心协力的效忠，就没有康熙政绩上的成就，没有百姓的勤勤恳恳，就没有天下昌盛的繁荣局面；而第三杯酒康熙敬给了他的敌人：鳌拜、吴三桂、郑经和葛尔丹，在满朝大臣的惊讶之中，康熙说道，没有这些人的逼迫，他就不会建立出今天的丰功伟绩，没有这些敌人也就没有他现在的成就，因此，他心怀感谢。

作为一个一国之君，在这么大的场合发出这样的感慨，绝对不是如天下人所说的那样是客套话，而是发自内心的感激。正如康熙所说的一样，大清之所以能有今天的局面，而他可以稳稳当当地坐龙椅长达60年之久，吴三桂、郑经、葛尔丹以及鳌拜这些人功不可没。是他们时时刻刻地提醒着他，让他不敢一丝一毫地放松警惕，如果没有他们，恐怕大清王朝早已被颠覆了。康熙也许不会统一江山，不会稳坐龙椅 60 年，不会开创康熙盛世。康熙皇帝能给这些对手甚至是敌人敬酒，既是一种勇气，一种气度，又何尝不是对人生的一种领悟。“物竞天择，适者生存”。无论是一个国家还是一个人，能有对手甚至是敌人，也并非是一件坏事。有对手才有进步有创新。无论是领导还是普通人，都要有能够容忍对手存在的广阔胸襟，更要有感恩的心。

正是有了对手，人生才不再是平淡无奇波澜不惊，变得绚烂多彩。正是有了对手，我们才不再是温室里的花朵那么娇弱不堪一击，而是变得强壮，足够坚强地靠自己存活在这个世上。正是有了对手，才不再固步自封停滞不前，而是努力地去奋斗去争取去开创。不要再怀着敌意的目光去看待对手了，我们要感激他们呢。正是有了他们，我们才能感受到真正的快乐真正的胜利，才会变得自信，才会充满力量地在人生道路上继续前进。在一次一次的失败中，每当我们准备放弃时，对手的出现总会适时地再次激发起我们的斗志。有太多太多的对手围绕在我们身边，我们不该埋怨，也不该逃避，所应该做的就是敞开心胸真心说一声：谢谢对手。逃避和放弃只会让自己更懦弱，也会失去一次可能成功的机会。如果只会怨恨嫉妒，那会使我们的胸襟变得越来越狭隘。没有新鲜土壤的花朵只会枯萎，没有竞争对手的美洲虎会越来越安逸，逐步失去野兽该有的霸气。一个社会如果没有了竞争，将会堕落直至消亡。只有微笑着面对对手，诚恳地感激对手，才能取得成就，人生才会变得更加有意义。

有人根据非洲雄狮和长颈鹿的生存规则写下了一段鼓舞人心的话；每一天清晨雄狮醒来都会不断地对自己说，今天我一定要跑得更快一些，只有跑得更快我才能捕到长颈鹿才能有食物才能生存下去。同样，长颈鹿也会一遍一遍地告诉自己，我一定要跑得更快，只有跑得更快我才能逃脱雄狮的捕杀才能活下去。正是在一次次追捕及逃亡的过程中，雄狮和长颈鹿才会跑得越来越快。在残忍的竞争中，它们完成了对于自我的超越。

我们的人生正在慢慢的，一步一步前进着，人生的道路不会总是平坦的，有陡坡，有坑坑洼洼，就好比充满着无数的未知的对手一样。正是由于它们的存在，我们变得更加强壮和自信。记得曾经有人讲过这样一个故事，在一个草原上牧民放养的羊总是被狼偷袭吃掉，牧民为此很是担忧，最终终于想到了一个办法，赶紧把狼群剿灭。原以为可以高枕无忧了，结果后来的羊却变得老弱病残不如以前健壮。

漫漫人生路，与我们通行的不仅仅只是朋友家人，对手也是风雨同舟的人啊。他们也许是某些固定的人，也许只是精神上幻想的假想敌。他们就好比放晴前的电闪雷鸣，让天空更加清澈。也好比宝剑锋利是出自石头的磨砺，面对你的成功，对手就是那默默给你磨砺的石头。每一朵鲜艳的花朵，总是少不了绿叶的陪衬。美丽的浪花，来自于岩石的拍打。每个成功的背后总会有辛勤的付出和苦涩的眼泪，每一个成功者背后总是有个强劲的对手。

我们要感谢对手，对手就好比我们的老师，我们的镜子。真正的对手是我们用尽办法要超越的目标。由于他们的存在，才会让我们知道什么是人外有人天外有天，才会在我们焦躁的时候提醒我们保持冷静，在我们狂妄自大的时候犹如一盆冷水浇醒我们。重视对手，与高手过招，才能找到前进的方向，奋斗的目标，人生才会更加充实和绚烂。曾经，是他们一次次地击垮了我们。在对手赢得胜利欢呼的时候，我们留下了苦涩的眼泪。是对手击碎了我们曾经的梦想，但也是他们给予了我们莫大的鼓舞和鞭策。

对手是敌人但更是朋友，对于他们我们应该永远的心存感激之情。没有对手是寂寞的，有对手而不尊重是小气的。真正的大棋士是打从心里尊重对手的，虽然他们会在棋场上“做掉”对方，而现实中，他们却可能是兄弟，惺惺相惜。在这个江湖中，英雄可以不问出处，但一定不会忘记曾经陪你出生入死，刀光剑影中一起拼杀的人。没有对手，就不会有现在的你。

感激对手吧，正是有了他们，我们才能一点一点地进步，一步一步地攀上高峰！

第十章

人生日记 对手那一页

短短人生数十载，弹指一挥已将尽。人生路上，若没有几个对手来调和生命的速度与气氛，这一路的风景平淡得只让人觉得乏味。感谢你生命中曾出现的那个让你称之为对手的人，他所教会你的不仅是勇气，他所带给你的，也不仅是经历。

1.

假如你的人生没有对手

自然界中，竞争无处不在，在人类社会里，竞争成了当今最大的一个命题。达尔文的生物进化论告诉我们，适者生存，优胜劣汰。生活中，对手无处不在。它，可能是你商场上的对头，可能是辩论场上与你针锋相对的辩手，也可能是你身边的朋友，还有可能是你自己。很难想象，假如我们的人生没有对手，今天的我们会是怎样？

有一位成功的饰品企业家，她所经营的企业在同行中是龙头老大。由于行业门槛低，竞争激烈，她手下的员工时常会被同行以更诱惑的条件挖走，很多人笑称她的企业为业界的“黄埔军校”，尽管数年间同行从她手下挖走上千人，而她却始终只是置之一笑。在她的企业中，每天都会有数十款产品开发出来，随之会有其他厂家效仿抄袭，但她不去追究效仿者是如何操作，而是对员工说：别人跟得快，我们才能跑得更快。每次学习、考察，她都会把自己看到、学到的业界最新的动态和内容毫无保留地告诉同行，好让他们不被自己落在后面，而她的企业在这样激烈的竞争下，始终保持活力，并稳坐业界龙头宝座。独木不成林，她深知如果没有对手，就不会走向成功。她通过为自己培养、制造对手，成功地为企业注入了源源不断的新鲜活力。

“我们一直把竞争视为商品经济的一种常态。我们深信，良性的思想竞争绝不是企业发展的阻碍，而是推动企业成长的力量。经验告诉我们，竞争的成败最终取决于消费者和市场的评判，赢得竞争的关键永远在于高品质的产品，真诚周到的服务以及诚信可靠的商誉。为此，我们乐观地看待竞争，勇敢地拥抱竞争，面对未来日益激烈的市场竞争，我们信心满怀，以勤奋踏实的行动拥抱竞争，在竞争中成长，在竞争中强大。”《钢铁供应链》杂志主编田荣的一席话道出了许多企业家的心声。

然而有时候，因为胆怯、因为懦弱，我们害怕有对手出现在面前，害怕对手比我们强大，害怕对手会分走原本我们可以一个人独占的大蛋糕，因而我们会在心里默默抱怨：如果没有对手，我不知道会比现在要轻松多少。可是你不知道，如果没有对手，你只能原地踏步。

芬兰维多利亚国家公园，有一只秃鹰关在笼子里供游客观赏。每天由饲养员负责给它喂食，久而久之，它习惯了这种安逸的生活。然而有一天，好心的市民们认为这样对秃鹰来说太残忍了，强烈要求把它放飞。迫于各方压力，动物园把关在笼子里四年的秃鹰给放飞了。而三天后，当人们还在为自己的善举而津津乐道时，却传来了在公园附近的小树林发现秃鹰的尸体的消息。人们很不解，秃鹰的凶悍程度堪比美洲豹，而且它善于飞行，又是什么动物有如此大的能耐把它给消灭呢？在专家解剖后得出的解释是：秃鹰死于饥饿。

原来这四年来，秃鹰关在牢笼里人工饲养，远离天敌，没有了竞争对手的威胁，没有觅食的需要，渐渐地失去了野性，失去了独立生存的能力。而放飞之后重新回到竞争的秩序中重新面对对手无所适从，在群体中找不到自己的位置，等待它的命运也只有死亡了。人也是如此，倘若长期处在一个和平、稳定、缺乏竞争和压力的环境中，他就会因此失去动力，能力退化，无法适应社会的需要，最终只能走向被社会淘汰的命运。

人们常常认为，没有对手的存在，无忧无虑，我们可以活得更潇洒自在。但却没有想过，在没有对手与自己竞争的情况下，也意味着自己正在逐步退化。

在非洲的奥兰恰河两岸都有羚羊的存在，但是在动物学家对它们进行研究之后却发现了虽然同为羚羊，河东岸的羚羊无论在繁殖能力还是奔跑速度都要比西岸的羚羊强得多。同一条河流的两岸并没有差别的自然环境以及相同的食物来源为什么竟将羚羊划出了优劣等级呢？相关的专家在具体的考察后得出了答案：狼群。

狼群只生活在河流的东岸，迫于生存的压力，东岸的羚羊不得不加快奔跑的速度躲避狼的追捕，不得不提高繁殖能力以使自己的队伍不断壮大，只有这样它们才能应对狼群的威胁继续存活下去。相反，西岸的羚羊生存环境安逸，没有对手的压力使得它们只要维持现状就可以安然地生存，与东岸的羚羊渐渐拉开了差距。于是，东西岸的羚羊就在日复一日不同的生活状况下发生了质的改变。

物竞天择，优胜劣汰，正是对手的存在，才让我们有了前进的动力，鞭策自己超越自我，更快更好地成长起来。

尽管面对困难或者敌人的时候，我们总是会在内心默默抱怨，如果没有这些麻烦，我会更加顺利、我会有更多的时间，我会更快乐的享受生活……但是有一个问题不能忽略：如果没有对手，我们还能不能够到达现在的高度？答案很有可能会是：如果没有对手，你会变成那只饿死的秃鹰或者西岸那群孱弱的羚羊。

“用进废退”是自然界不变的竞争法则。没有天敌的动物往往最先灭绝，因为环境太易于生存，所以会在安逸中失去力量。而生存环境恶劣，四处是敌的动物则因为生来就要用生命与这些敌人作斗争，反而会越来越强大，并且种群队伍不断繁衍壮大。所以，如果没有对手，没有斗争，你永远不知道自己会有多大的能量，会被对手“逼着”走多远。反而，安于现状的沉沦和自我满足，会一点点吞噬你原有的力量，慢慢地失去了前进的助推器。

如果你的人生没有对手，也许你不用太拼命，因为即使做不好也不会有人指责，因为不再会有对手带来的紧张感和害怕落后的不安感。尽管独自享受着这份安逸吧，总有一天，当你打开门窗拥抱这个世界的时候，你会发现太多的人在你徜徉在自我的时候已经把你远远抛在后面。而此时的你，也许会悔恨当初，但更有可能，你会不以为意地继续这种落后的惯性，直至被淘汰。因为没有对手的生活，是针麻醉剂，一点点使你沉沦在松弛的状态中，然后温水煮青蛙般扼杀在这松弛里。生于忧患，死于安乐，没有竞争对手，你失去的不仅仅是前进的方向，还有自信。

在你的人生中，一定会遇到各种各样的对手。但是我们丝毫不用因此而担心、害怕。因为对手是一把双刃剑，可能对你造成威胁，但更重要的是，他是你努力向前的动力。

假如没有对手，我们将会在缺少力量和没有斗志的生活中继续，我们将永远都无法感受到打败对手登临山顶的喜悦，我们将在自我的满足中碌碌无为，少有进步，我们强烈的进取心也在没有对比和竞争的平和环境中逐渐消退。而在生活中，我们中的很多人却总是在犯这样的错误：他们诅咒敌人，痛恨困难和阻碍，因为遇到了对手和敌人而变得失魂落魄。殊不知，正是因为这些对手，他们才能磨炼得愈加出色，才能迎来脱颖而出的机会。

人生就像在攀登，前方一个个的坡和坎就像是一个个对手，只有翻越一个个小山坡才能让自己快点成熟起来。一路上，披荆斩棘，在与对手对决失败中留下苦涩的泪水，在成功中体会快乐。对手就像是鞭子，激励着我们大步向前。要知道，没有对手的人生是苍白的人生。一个人，倘若始终处在一个安定平稳、没有竞争和压力的环境中，只会陷入满足现状不思进取的困境。只有当对手与我们一同站在天平的两端时，我们自身生命的能量才会在上下浮动中尽情释放，互相体现着各自的人生价值，而你也会在竞争中，不断超越自我，磨砺自我，也只有在这样不断的赛跑中才能大放异彩。一个人的战斗没有输赢，两个人的对决才有步步为“赢”的动力。

生活中的人们，因为想争取更好的生活质量而竭力让自己变得优秀，职场中的人们，也正因为想要有更好的职位待遇而努力让自己变得出色。感谢对手，是他们赐予我们人生的跌宕和起伏；是他们，让我们懂得人生不应该只满足现在；是他们，既让我们妒忌又让我们钦佩。是的，勇者无惧，就让对手来得更强大些吧，我们绝不畏惧。所以，不要拒绝和回避对手，请大胆地拥抱他们吧，因为他们，才是最懂得你软肋的朋友，才是使你变得伟大和杰出的力量与源泉。

2. 对手的意义远比你想象的丰富

正如棋逢敌手，只有当遇到真正的对手时才能激发人的斗志，释放出自己潜在的能量。狭路相逢勇者胜，超越自我的精神、力量与勇气的喷发，来源于强大对手的存在。

金庸小说中的旷世武侠高手独孤求败，纵横江湖三十多年，杀尽仇寇，败尽英雄，天下没有人能与他抗衡，无可奈何，他只能隐居深谷，和雕成为朋友。生平只有一个愿望——有个对手能和他决一死战，但江湖上没有人能超越他，他终生都没有失败过，最后郁郁而终。人最寂寞的快乐是无敌，独孤求败的寂寞在于他的旷世无敌，在于他终生不得对手。这其中充满了多少无可奈何的悲壮。当一个人无法在爱好、能力、情感或者其他任何方面找到能与之匹敌的对手，再没有什么力量能使之在他所专长的领域更进一步时，对手的意义远远超出了本身，他变成了一种精神和寄托，没有对手，我们就失去继续前进的动力和勇气。

对手仅仅是我们要打败的那个敌人吗？不，他是我们之所以强大，之所以能不断超越的动力源泉，是我们努力赶超的目标，是使我们奋斗的动力，更是我们超越自己的武器。人们总是能在困难和对手面前表现出极大的战斗力，要攀登的山越高，征服它就越能显示自己的价值；要翻越的海洋越宽广，越过它就越能感受到成功的喜悦；对手越优秀，超越他就越能彰显出我们的实力。

在自然界的生物链里，狼是羊的天敌，羊生来就要面对狼的追捕和猎杀。当驯良的羊开始自己生活的时候，它就必须要面对狼这个对手，它不得不完善自己，使自己在下一次的追捕中跑得更快。但是如果没有狼，羊群要面对的则是更大的灾难，那就是种群退化。用进废退，自然界的生存法则简单而且残酷。

运动场上高手如林，技艺超群的运动员个个都有争金夺银的实力，但金牌只有一枚，在这激烈的角逐中运动员的技艺要得到最大的发挥，拼的不仅是实力，更是一种精神与毅力的较量。而世界纪录正是运动员们在与对手互相较量中激发自身的潜能，不断刷新，超越自我。

潜能是需要被激发的。试问自己，如果你所获得的只是在自己的能力范围内可以预见并且轻易得到的胜利，你会有极大的满足感和幸福感吗？几乎没有人会迷恋那些不费功夫轻易可得的所谓成功。回忆下在你所取得的进步和成功的案例中，那些记忆深刻、无法忘记并且带来难以言喻的快乐和满足的成功，难道不是那些使你费尽心思、付出努力最多，过程最艰辛的经历吗？而这些经历中，一定有一个强大的对手，哪怕它是一个难题或者困难的处境，或者只是一个人。如果没有这些对手，你要怎么去激发自己的热情，来完成一场一个人的战役呢？

如此看来，对手存在的意义已经远远超出了我们的想象。他既是我们衡量自身的杠杆，也是永远追求的目标。人总是无限地渴望和追求胜利，在一次又一次的或胜或败的竞争中，你的对手越强大，你才越能最大限度地发挥自己的价值。而一旦失去了对手，你就永远无法在一个人的战场上完成自我的强大。

你能够想象一场比赛因为实力悬殊胜负已定会有多么乏味吗？一场没有对手的比赛是多么单调与枯燥啊，竞争的未知与刺激都失去了，在台上表现得再出色又如何？是对手，带给生活活力和光彩，是对手，使我们的生活光芒四射。我们的每一次加速奔跑，都是为了追赶和超越对手的脚步，而我们每一次的追赶和超越，都是我们由平凡走向成功的铺垫和基石。

你能够感受到没有对手、没有竞争、没有挑战的生活有多么无趣吗？如果没有对手和挑战，你还会不停地转动你活跃的大脑来激发自己富于潜力和创造力的思维吗？没有对手，一切都将处于停滞状态，而这样状态的你，可能是一名安于现状的员工，或者是得过且过的学生，无论如何，这样的你，永远不会有卓越的一天。因为失去了对手，意味着你主动放弃成功，意味着你已经失去了不断磨砺和升华自己的机会和资格。而那些成就斐然的人们，哪一个不是敢于直面对手并不断地发起挑战？

对手，不是敌人，他是我们别样的知音。生活中需要有对手，因为他是你行动的助推器，在不断地推动你在竞争中进步前行。他是一面镜子，毫不留情地利用你的缺点发起进攻，让你在战斗中发现并且改正缺点。他是一座警钟，时时刻刻都在一旁提醒你，威胁就在附近，无论怎样的成就和进步都有被超越的可能。你难以容忍你的对手，但更难以容忍的是你没有对手。因为对手的存在，你才能更加坚强，更加成熟，更加进步。对手带给你的危机感，也会推动着你不断去创新完善自己，从而才有可能不断地从一个成功走向另一个成功。

为什么你在面对困难和挑战时总是畏首畏尾，不敢前行？为什么战胜困难之后你会体会到难得的激动和喜悦？因为这些作为对手的困难和挑战是你前进的障碍，同时也是使你磨炼和升华的必经之道。

对手就像是一面镜子，在他们身上，我们可以看到自己的不足，然后奋起直追。假如你是一枚硬币，自己就像是硬币的一面，而对手则是硬币的另一面。失去了任何一面的硬币都没有存在的价值。别忘了，是对手在你前进的道路中不断给你施压，逼迫你不能停止地投入到斗争中去，不断地挑战新的困难，并努力在挑战中成为胜者。在同对手的对决中，你才能真正地认识和磨炼自己。很多时候，把我们送上领奖台的不是我们的朋友，恰恰相反，而是我们的对手。

仔细回味，在我们前进的路途中，总是有那么一些人，他们总明白你的软肋，他们最了解你的弱点，他们也最清楚你的目标。我们向每一个对手汲取强大的养料，我们在与每一个对手的交手中更加了解自己。不要试图去掩盖、回避或者轻视对手，没有他们所制造的紧张和压迫，你永远都不知道你可以到达什么样的高度。

所以，请记住，不要把对手看成前进途中的大敌而畏缩不前，也不要因为是对手就横刀相向、水火不容。对手是你生活中的伙伴，是你前进中的良友，是你成功的基石。要知道，对手的意义，远比你想象的更丰富。

3. 感谢让你成长的对手

2001 年，在国际奥委会第 112 次会议全体会议上，北京战胜多伦多和巴黎等城市，成功获得 2008 年奥运会主办权。当所有人都沉浸在胜利的喜悦，为之欢呼雀跃时，著名央视主持人水均益说了一句令世人都难忘的话语："我们要感谢对手。"

是的，我们要感谢对手。因为有多伦多、巴黎、伦敦等这样实力雄厚的对手与我们进行拉锯战，北京在申奥的过程中才会时刻不敢松懈，始终保持紧迫感和压力感，做好申奥工作中每一个小细节。细节决定成败，在这些强大的对手面前，任何细微的疏忽和懈怠，都有可能使我们之前所有的努力白费。申奥过程中，我们所呈现在世人面前的扎实、细致和完美，我们所能带给世界的惊喜和美丽，都是因为我们有着强大的对手。

竞争无处不在，是竞争给世界带来了生机和活力，是竞争促使我们进取和奋斗。因为有对手的存在，我们才更加坚定了要战胜对手成为强者的念头。优胜劣汰，适者生存，只有战胜对手，你才会在自我强大的道路上走得更远。而我们每一次的前进和胜利，都是因为我们身后有驱赶着自己永不止步的对手。

人生最大的痛苦莫过于找不到一个可以与自己匹敌的竞争对手，没有了对手，也就没有了超越的目标，我们的前进也就停滞了，人生也就无所谓成功。2000 年悉尼奥运会上，孔令辉击败瓦尔德内尔，夺得乒乓球男子单打冠军时，全场观众以雷鸣般的掌声送给了献给观众一场如此精彩较量战的胜败双方，孔令辉的教练蔡猛在接受采访时也对这位力克中国 20 年的瑞典老将给予了高度的赞赏。正因为有了瓦尔德内尔这样的对手，中国乒乓球才不会独孤求败拔剑四顾心茫然，才会让世人心悦诚服地承认我们在乒乓领域的王者之尊。在刚刚结束不久的广州亚运会中，林丹男单夺冠如愿加冕“全贯王”。最后一场对决中，他的对手是占据世界排名第一长达两年之久的李宗伟。在这场巅峰对决中，林丹力克对手，发挥出超水准的水平，不愧为“超级丹”。在谈及夺冠感受时，林丹表示，“正是因为有这样的对手存在，才让自己变得越来越强大了，所以我觉得应该感谢他们。”

人类是如此，动物界也一样。当一个人没有了对手，那他就会陷入安于现状，甘于平庸的状态，最终导致碌碌无为；而动物则因没有对手，失去斗志，变得死气沉沉，没有活力。就像处在养尊处优没有竞争和对手的环境下的老虎，用不着警觉、防备和示威，自然有安逸的生活可以享受，然而它的威猛刚烈的本性也会在这样的环境中渐渐被抹杀。生活中被百般呵护和宠爱的你，在没有压力和危机的时候，会用打起精神，全力生活吗？意志的磨灭，是因为没有对手，没有竞争。太平盛世下的假意祥和也许只是不堪一击的假象。生活中你的每一次超越，每一次胜利，都是因为有个对手在你身后紧紧逼迫，哪怕那个对手只是你心中的假想敌。是对手让我们保持了生命的活力，是对手激发了我们前进的力量，所以，感谢对手。

如果你工作在缺少竞争机制和奖惩机制的环境中，所有人都可以均等地获得理想的待遇，那么你还会卷起袖子，虎视眈眈地奋力超越周围的同事吗？显然这样环境中工作的人，时日一久，自会忘记前进的动力究竟是源自何方。

竞争是保持活力的有效机制，而对手则是这一机制中激发活力的关键环节。一个只在自己的小范围内保持第一的人，永远不知道外面还有多少个第一值得他去超越。一个在工作中安于现状的人，永远不知道身边有多少同事在努力实现自己的职场目标。忽略对手的存在，那么你只能原地踏步，不思进取。没有对手的世界是沉寂的，是停滞的。对手的存在是为了让我们看到自己的缺陷以去寻找下一步该怎么才能更好更稳地往前走。他们越强大，我们就越要全力应对，是他们历练了我们的心志，他们越老练，我们也就越成熟。我们深知，把我们送上胜利道路的，不只是我们的朋友，还有那些被我们当作对手必须要奋力追赶的人。

在2006年世界杯田径赛110米跨栏比赛中，美国名将阿兰·约翰逊超过飞人刘翔，夺得冠军，古巴小将罗伯斯取得第三。面对这枚金牌，约翰逊表现得异常激动，在采访中他并没有沉浸在胜利的喜悦中，而是说出了令记者想不到的话：“我要感谢刘翔，是他让这项运动重新焕发出诱人的光芒。因为那个世界纪录已经沉寂很久了，是刘翔激励我要继续跑下去。我也要感谢罗伯斯，他不到20岁，他的不断追赶，让我有了继续跑下去的动力，我真正享受到了高手之间的真正竞争。”

因为有竞争、有对手的存在，体育竞技才表现出了非凡的魅力，而这枚金牌，对约翰逊来说才显得更有价值。约翰逊是幸运的，因为在他的身后，有穷追不舍的两个对手。是他们，逼出了他潜藏多年的身体极限，使他在沉暮的赛场上重新找回了斗志，焕发了激情。

感谢对手，使我们懂得更加珍惜每一个前进的脚步。在前进的途中因为有对手的相伴，我们才能时刻用饱满的热情和专注去追求我们想要的成功。你可以不屑唾手可得的成果，但你无法轻易割舍前进道路中每一个孜孜以求，战胜对手后所取得的胜利，因为它饱含了你的热情，你的渴望，你的梦想。

感谢对手，使我们变得更加成熟。在每一次与对手相望的比赛里，我们都要感谢对手在时刻逼迫我们挖掘出自己全部的潜力和激情。企业在激烈的竞争中你追我赶，不断追求更高的品质；运动员在赛场上奋力拼搏，竭尽全力迸发力量追求新的巅峰。是对手，让我们在竞争中不敢犹疑和落后，是对手，让我们在前进中更加成熟勇敢。

拳王阿里有句名言："一个人最大的悲哀，不是被别人击倒，而是找不到与自己一决高下的对手。"始终忘不了那一幕：在观众的屏气凝神中，拳王阿里一次次倒下，又一次次重新站起。擦干额头的汗水，抹去嘴角的血迹，然后用最快的速度恢复状态，目光坚定地注视对方，凝望对手，等待着下一次被打倒，并随时做好再一次重新站起的准备。因为，在他的心中，有个声音在默默地告诉他"擂台上真正的勇士，不在于他能击败多少敌人，而在于他是否具有被打倒后立刻爬起的力量。"

感谢对手，是他们让我们拥有更加丰富和充满活力的生活；感谢对手，是他们让我们敢于正视自己，接受挑战；感谢对手，是他们在给我们无形压力的同时引导我们向更好的方向努力；感谢对手，是他们教会我们珍惜，赋予我们勇敢，陪伴我们成熟；感谢对手，因为他们，是我们前进途中同甘共苦，劈荆斩麻的朋友。

所以，亲爱的朋友，当你取得成功，收获胜利喜悦的时候，请不要忘记向你的对手说一声谢谢。因为有他们，你，才有可能会变成那个强大的你。

4. 尊重对手 尊重人生

尊重对手是一种品质，也是一种风度。2004 年 8 月 16 日凌晨，雅典奥运会女子重剑个人赛场上，匈牙利老将弗纳吉以15：10击败亚特兰大奥运会个人冠军、法国黑人剑客弗莱塞尔，成功夺冠。赛后，场上响起了雷鸣般的掌声，弗纳吉不但得到了观众热烈的祝贺，同时也赢得了场上所有观众深深的敬意。原来在比赛进行中，对手弗莱塞尔的比赛装置临时出现了问题，面对劲敌的意外状况，弗纳吉主动地走上前去帮她整理好服装，然后双方才进入比赛。

弗纳吉在强敌陷入困境的时候，没有暗自欣喜，趁机打败对方，而是主动伸手相助，表现出一个优秀运动员的气度和胸怀。因而，她不仅拿到了奖牌，更赢得了尊重。观众为她的胜利喝彩，更对她的气度表示赞许。尊重，是超出胜负输赢之外的首要做人准则。任何不尊重对手的行为和举动，都是我们应该不齿和抛弃的。

2008年北京奥运会上，牙买加名将博尔特取得了男子100米、200米短跑的双料冠军，被媒体赞誉为“双料冠军”。对于他所取得的成绩，国际奥委会主席罗格表示，尽管博尔特的成就足以比肩伟大的美国短跑选手欧文斯，但他应该更加尊重对手。博尔特在男子100米短跑决赛中，在最后以9秒69的绝对优势冲过终点线时做了个手捶胸腔的动作，而在另一项比赛——200米短跑决赛夺冠后，他以胜利者的姿态绕全场慢跑一圈，却忽略了一个细节，没有跟对手握手表示祝贺。罗格表示，“我希望他能更尊重对手。他应该学会和其他选手握手。”

很多人把博尔特的这种表现归为真性情和个性的表达，尽管在崇尚自由和竞争的现代文化中这种行为无可厚非，但是在关注奥林匹克精神的奥运赛场上，这种个性的张扬所体现的对对手的不尊重，受到罗格先生的批评也是情理之中。也许博尔特并非有意轻视对手，但他的那些在无所顾忌的释放下所表现出的自我情绪的流露行为已经构成了对对手的不尊重，引起公众的不满。

运动员在比赛场上，形成了许多礼仪与文化。如鞠躬、握手、换球衣等礼节，都是尊重对手的重要表现之一。竞技赛场上，还有比成绩更重要的，那就是奥林匹克精神。尊重对手，正是运动精神的题中之义。因为平等、尊重，奥林匹克运动才能保持魅力经久不衰。

在2012年欧锦赛资格赛中，西班牙首个对手是列支敦士登，对于世界杯和欧锦赛双料冠军西班牙来说，要拿下这个对手太容易了。但是西班牙对对手表现出足够的尊重。球队中场核心认为对对手来说最大的尊重是无论对手实力与自己多么悬殊，都要重视每一个对手，尽力去做到最好。是的，退让是一种风度，但别忘了有时候，全力以赴做到最好也是对对手的一种尊重。

在商业竞争和广告宣传中，我们经常可以看见很多商家和企业都在采取打压对手的策略。他们总是千方百计把自己的产品说得很好，然后拼命地贬低对手的产品。换位思考一下，当你作为消费者在消费过程中只是听到商家对对手的攻击和贬低，你会认为他们是责任感道德感很强的商人吗？恐怕大部分消费者都会对这样的行为嗤之以鼻。因而，在商业竞争中，采取诋毁对手的手段并不高明，它只会激化矛盾，甚至引火烧身，不利于强化自身的优势。而聪明人的做法往往是，回避对手、尊重对手，让事实说话。

而事实也向我们证明了，在企业的营销中，尊重对手远比敌视对手更有效。在20世纪末，手机行业迅速崛起。爱立信在当时是手机巨头，由于过于满足现状，所以在技术研发方面有所松懈，业绩大不如以前。但很快地摩托罗拉、诺基亚等手机品牌强势进入，赢得了大多用户。而当时索尼在手机领域也难以与其他品牌齐名。在濒临倒闭状态的情况下，这两个曾经是对头的公司作了个让所有人大吃一惊的决定，联手最后一搏。索尼负责研发拓宽娱乐性技术，爱立信负责技术创新，两者互补，推出娱乐功能强大的索爱手机，掀起了索爱风暴，又重新回到手机巨头的位置，占领了手机市场的大份额。

对手是可以与你同台竞技的伙伴，是你走向成功的重要力量。在激烈的市场竞争中，如何看待对手，是尊重和维护对手的权益，还是视若仇敌，不择手段地置之死地？这反映出企业所拥有的道德操守，同时也体现出企业家宽广的眼界和博大的胸怀。

2006年，可口可乐前行政助理威廉姆斯与同事合谋，计划将可口可乐的商业秘密以150万美元的价格出售给百事可乐。百事对此无动于衷，并主动地向可口可乐公司揭发了此事。竞争对手之间势不两立，时刻盘算着如何整垮对方，以便独霸市场，这样的例子屡见不鲜，而他们的结果往往是鱼死网破、两败俱伤。百事对可口可乐公司的尊重，将送上门的商业机密拒之门外，协助对手清理内鬼，如此胸怀和见地，值得很多在市场竞争中不择手段为了利益争得你死我活的商家思考。

商场如战场，要在竞争中赢得胜利，靠的是实力和良好的社会信誉。百事可乐拒绝不法的商业机密，尊重对手，使其在社会上树立了良好的诚信形象，同时也强化了自己的管理，给他们的员工打了强心针，鼓励在正当的商业交往中进行合作和竞争，这样的做法，不仅为对手找到漏洞，还有效地规避了风险，树立了良好的企业形象。

辩论赛场上，辩论双方不是敌对的而是同路人和朋友，辩论时互相尊重显得更为重要，辱骂对手不仅对对手接受自己的观点没有帮助，反而激化了双方的矛盾，朋友甚至会变成仇人。尊重对手是体现辩手素质的重要方面，尊重他人，他人也会尊重你。即使在舌枪唇战中双方无法在某一问题上达成共识，但在其他有共识的问题上对手也会主动帮助你的。肯定对手观点中的合理部分，即使对手的观点中没有一点是我们认同的，至少也要在出发点和目的上肯定对手。

奥地利作家卡夫卡说：“善待你的对手，方尽显品格的力量和生存的智慧。”很多人常常会把对手视为眼中钉，以仇视的眼光去看待。当别人取得好成绩时，会不由自主地妒忌。这是很幼稚的做法。没有对手，你怎么能在自己单打独斗中一步步地走向成功呢？学会尊重和了解对手，因为与强劲对手竞争时才能发现自己的不足，才能增强自己的危机感和风险意识，才能总结经验教训，取人之长补己之短。尊重对手，就是尊重自己。

承认对手、正视对手，然后尊重对手。在经典的武侠片里，高手和高手之间总会有惺惺相惜的默契，即使他们是代表两个不同阵营的利益，因而他们更懂得如何尊重对手，不随便轻视或者妒忌对手。

如果你正遇到了难以解决的难题、碰到了强大到几乎无法战胜的对手，那么，请你为自己加油，也请你努力地珍惜与强者对抗的机会。因为，战胜了他们，你就是强者。

如果你已经足够强大到不可战胜，那么，请不要嘲笑背后那些努力的追赶者。因为是他们让你永远不敢懈怠，是他们把你推上了你理想的巅峰。没有他们的追赶，你也许永远都看不到自己究竟能够走多远，没有他们的追赶，你无法知道自己的身上蕴含着多少等待挖掘的潜在力量。

所以，当你还沉浸在成功的喜悦中时，请回头看看你的对手，正是他们，给你的胜利带来了不寻平常的意义。对手是你疲惫时的兴奋剂，是你成功后的一记警钟，时刻提醒你在一次次搏杀中超越自己。当你站在领奖的台上，请向你的对手投去敬意的目光，然后是真诚的握手。

尊重对手，是智慧的表现。每个人在不同的阶段都会遇到不同的对手，他们也许高尚，值得你景仰，也许卑微，不能与你一较高下。但无论你最终取得的结果是怎样，毫无疑问地是他们丰富了你的人生。尊重对手的同时，你也拓宽了自己生命的宽带和广度。

尊重你的人生，尊重你的对手。就像苏辙一样，用“使其中坦然，将何往而非快”的旷达，和“寄蜉蝣于天地，渺沧海之一粟”的胸襟，以包容的心态去面对对手，对对手怀一种尊重的态度，以之为奋斗的目标，并驾齐驱，在敬仰中超越自己。

5. 常怀一颗感恩之心

感谢对手，试想一下倘若没有对手，今天的世界会是如何一番局面？今天的中国又会是如何一番景象？今天的我们又会是怎样呢？

大凡有所作为的人都是在与强劲的对手较量中取得成功的。在男子单人滑冰项目上，有着很有意思的两个运动员，他们是俄罗斯运动员亚古丁和他的同门师弟普鲁申科。人们研究出他们俩拿奖的规律——两人关系越糟糕，他们的成绩就越好。从1998年两人关系破裂之后开始，他们几乎瓜分了所有世界级该项目比赛的金牌，一次次地刷新世界纪录，把男子单人滑冰这一项目的水平发挥到极致。然而在2006年都灵冬奥会花样滑冰男子自由滑比赛上，亚古丁时已退役。虽然普鲁申科拿到了金牌，但人们没有看到他真正的实力。应该感谢亚古丁，是他的存在才能让普鲁申科的状态发挥到最好。

当记者在采访三峡工程总设计师陆佑楣先生问及在他看来三峡大坝的成功修建，最应该感谢的人是谁时，陆佑楣先生笑了笑，答道：“最应该感谢的是那些对三峡工程修建持反对意见的人！是他们一次次地质疑、否定，让我们对工程的可行性研究更加谨慎、更为深入，考虑的因素更加全面，方案的设计更为周密。没有他们对工程难题的种种预测，没有他们从不同角度对工程设计的不同看法，我们可能要走许多的弯路，甚至蒙受重大的损失。因此，我认为对三峡工程贡献最大的人，是那些时刻关注三峡工程修建并提出不同意见的人！这些能够提出反对意见的人是水利工程的专家学者，是国家建设的参与者见证者，他们以国家主人翁的身份对三峡工程的修建提出许多宝贵的意见，是从另一方面为三峡工程的建设做出贡献的。”是的，对手往往站在对立面上以反派的声音推动你前进，让你更有冲劲使自己做得更好，最终成就一番事业。我们应该感谢对手，无论是过去的、现在的，或者是将来的，因为是对手成就了我们。

就像打麻将，四个人，一个是你自己，一个是坐在你对面的对手，还有你的左右边，分别是你的上家和下家。在麻将桌上，三家都是你的对手。大家互相防范，聚精会神地盯紧上家出的每一张牌，生怕错过了任何一个可能让自己胜利的机会。在这一防范的过程中，你对麻将的分析的技术就日渐精湛了。对手的力量促使你不得不去提高自己的水平。有些对手很强，有些对手很弱，但他都是我们训练自己的对象。遇到在某方面比我们强的，好好向他学习；遇到比我们弱的，也要向他学习，总有一个地方值得我们去借鉴。学会感恩对手，你的人生路会更好走。

在我们前进的道路中，充满了崎岖和挑战。为何有些人会成功，有些人却黯然离场呢？因为成功的人善于利用对手来唤起自身的斗志和力量，而败者则不能正视对手，把对手仅仅看作是自己追求成功道路上的障碍和困难，视对手为眼中钉、肉中刺，恨不得铲除或者直接闭上眼睛假装根本看不到。

那些对对手惴惴不安恨不得通通消灭掉的思想，是多么消极和愚蠢。与其在遇到困难和对手的时候顾影自怜，倒不如以此为契机，通过强劲的对手，来不断强化自己的力量。这样的转化，那些面目可憎的对手也会变得可爱一些，而拥有一个强劲的对手，也会成为一种福分、一种造化。因为有了对手，我们才会在生活中不断地产生危机感，才能不断地提高我们的竞争力。因为有了对手，生活才不再单调无味，因为有了对手，我们才会变得更加果敢坚毅、大度宽容，因为有了对手，我们在工作中不再消极散漫而变得奋发向上，因为有了对手，我们在前进的道路上不再孤芳自赏而变得虚心谨慎。

有一种对手，是你自己心里默认的。他比你优秀，在各方面比你强大。尽管只能望其项背，但你在心中立下了目标，无论距离有多远，一定要超越他。于是你披肝沥胆，偷偷地努力，暗自较劲，在他身后一步步逼近，心中陡然多了一份信心。再往前一点点，再往前一点点，你终于超越了！终于与他肩并肩，走到了他的面前。回头看看来时的路，你会惊讶自己的勇气与毅力，原来一直以为自己做不到的事其实只要努力就可以达成的。于是你又盯上下一个对手，寻求新的超越。在不断循环往复的过程中，有一天猛然抬头你会发现，你离巅峰已经不远，而这些是你当初连做梦都想不到的。

有一种对手，是命定的冤家，他与你势均力敌、旗鼓相当，他紧盯着你，你紧盯着他，都在不断地奋斗着，都想成为赢家。你在前面走，他在后面追；他在前面跑，你在后面追；好不容易走到他面前了，可是还没等你回过头来，他又追上来了，把你甩到身后。于是你又得赶路，继续往前追，直到再一次走到他前面。其实，在你的潜意识里你最多只能跑十公里，但在你们不断地超越和被超越中，你竟然走了二十公里，甚至更远更远。

还有一种对手，他比你弱小，对你来说他只是个不足以形成威胁的无名小卒而已。但是他把你当成他超越的目标，并且公开向你发出挑战。而那时你正处在即将大功告成的状态，正想坐下来好好休息，好好享受这来之不易的鲜花和掌声。但又害怕一旦松懈将有可能会被他超越，你只能和已经取得的成就告别，马不停蹄地朝前奔跑，即使筋疲力尽了也不敢贸然停下来歇息。因为他离你仅有一小步之遥，稍一驻足回头，他就已经来到你身后了。就这样，这一路的追赶，使你又接连地取得了成功，完成了一道又一道的跨越。

漫长的人生征程中，对手既是同行者，也是挑战者。“没有岩石的拦阻，哪能激起美丽的浪花”，不要抱怨对手给你带来太多的磨难，不要抱怨对手让你的生命出现了那么多的曲折，要知道，生命的色彩只有在与对方的互相欣赏中才能格外动人，生命的花朵只有在与对手的交锋中才能尽情怒放。来吧，亲爱的朋友们，感谢你的对手吧。因为他们让你的生活充满了激情与挑战，因为他们，你才会发现自己原来可以做得更好。来吧，微笑着与你的对手共同完成人生的美丽画卷！

6.

让你的人生因对手而更精彩

电视剧《亮剑》在全国掀起一股热潮，让人最印象深刻的当属李云龙和楚云飞这两大主角的对手戏了。他们两人棋鼓相当，斗得你死我活。二人明枪对明炮，皆身负重伤几近送命，昏迷数日乍一醒来语言不清的李云龙和楚云飞都急于知道对方的情况，当然他们不是盼着对方死，而是担心对方死去。他们互相欣赏，甚至达到崇拜至极的程度，如若不是各为其主，想必会成为至交好友。他们在战场上是对手，但在他们内心，对彼此的感情比朋友还深，比朋友还了解对方。惜英雄重英雄，因为有了对手的存在，人生才精彩！

正如“成大事者必有强劲对手”，《三国演义》之所以流传千古，被人们津津乐道是因为有诸葛亮、刘备、袁绍、周瑜、司马懿、曹操等龙争虎斗，200多个活灵活现的人物，他们或正或邪，或刚或柔，或愚或智，或忠或奸，在各为其主互相争斗中铸就了这部小说的灵魂。

好对手的定义是，你对他心怀敬重的同时他也尊重你的为人。在竞技场上，双方可以拼得死去活来，但在心底却又在为对方鼓掌，即使自己是输了的那一个，也是输得心服口服。场上是对手，场下是好朋友这样的例子，在体育竞技场上比比皆是。

如果没有挪威人奥恩德穷追不舍，就不会把北岛康介的全部实力给逼出来，打破蛙泳100米世界纪录；如果没有俄罗斯姑娘的势均力敌，就没有中国女子体操的完美演出；如果没有古巴的强劲对抗，就没有中国女排从0：2逆转为3：2的奇迹。奥运会的伟大，在于它的参与者越来越多，对手越来越强大。对手像弹簧，你强他就弱，你弱他就强。在向成功出发的道路上，我们需要标杆，需要对手，需要在对比和被对比中提升自己的能力，让对手成为自己超越已有的成就的助推器。我们优秀，因为我们的心里永远都有一个比我们强的对手。

是啊，如果没有对手，如果在前进的道路上总是只有我们一个人去领略风景，那这样的风景又有什么意义呢。因为没有人在后面追赶，所以可以很轻松地慢慢行走，甚至原地驻足。邻家的孩子每天努力用功地练习英语，因为他想要在英语竞赛中超过班里面那个总是拿第一的小对手；朋友没日没夜地忙着工作，因为他希望能更快地得到领导对自己工作能力的肯定，然后顺利地得到那个他期盼已久的职位；比赛之前，运动员们不顾一切地努力训练，因为他们想要在赛场上战胜强大的对手，用更好的成绩登临运动巅峰。我们要懂得感激对手，是他们的优秀，让我们更加努力和执著地追求胜利，是他们的闪耀，让我们更加钦佩和奋起。感谢对手，因为有了他们，我们才会不顾一切地加倍努力，我们才会在心中不断激起向上的力量，我们的人生才能够更加精彩和美丽。

生活中，我们常常看到有些人提起对手便摩拳擦掌、坐立不安，像是结了不可化解的深仇大恨。在他们眼中，对方的存在给他带来了压力和强烈的不安感，于是他们仇视对手，却并没有想到正是对方的存在才使他产生了危机意识，而这种危机意识正是促使他更加积极努力、丰富充实的动力和源泉，是使他由平庸变得优秀的强大推动力量。

工作中，我们总是抱怨那些拼命工作的同事功利心太强，但要知道没有他们，你永远只是一个底层。当自己成绩稍好而沾沾自喜时，你会发现一山还有一山高，别人的成绩比你更优异，自己还要奋起直追，根本没有资格自高自大。在《杜拉拉升职记》中，杜拉拉从一个最底层的员工开始做起，上司和同事的各种压力促使她脚踏实地地把工作做好，从而在这一过程中得到上司的赏识，一步一步地往上爬。对手就像是外力的刺激，不断地激发你的潜能，把内力和外力形成一股合力，才能焕发出更强大的力量。

在崇尚更快、更高、更强的奥运赛场上，正是因为强手如云，有更强大的对手，才会有不断被刷新的纪录，才会有更快、更高、更强的对手出现。

在竞争中成长，在对抗中强大。如果没有对手，也许你早在原来所取得的小成就中消沉，而不再像以前那样去闯荡；如果没有对手，也许你还在捧着鲜花自我陶醉，等待机会从天而降，不劳而获，而不像现在这样主动去争取机会，把握机遇；如果不是对手，你又怎能享受到激烈的竞争中成功的快感呢？

事情往往是多面、复杂的，你若总是往坏处去想，那就是虐待自己。所以，就算遭遇打击和困难，你也应该看开些，想尽方法去努力捕捉光明的一面。为什么非要把对手看作豺狼猛兽，认为他们只会对我们构成危险甚至伤害呢？如果你可以积极地面对对手，你会看到，良性竞争会带给我们更多积极的意义。所以不要再用敌视甚至仇恨的目光去看待对手，要知道，人生因为有了强大的对手才有了更多的精彩，也才有了成功时不一样的喜悦心情。因为有对手存在，你才会永远做一只威风凛凛的“美洲虎”，你才会是赛场上永远向前看的猛将，你才是商界里叱咤风云的龙头老大，你才是生活道路中永不服输的强者。如果你不愿自甘平庸，那么就请微笑着迎接挑战，善待你的对手，尊重你的对手，甚至感谢你的对手。感谢他们充实了你的生活、成就了你的辉煌、丰富了你的人生。因为有了对手，你的人生才会更加精彩。

年轻就是本钱，青春就是力量。生命的价值在于奋斗，人生的激情在于拼搏。没有对手，人生便成了一场自导自演的独角戏，没有对手，即使有再多的观众又有何意义？所以，永远不要试图回避你的对手，不要对他们产生抵触的情绪，你甚至要乐于看到对手的强大和优秀，看到了挑战的难度，也就看到了人生的精彩。

对手是一扇门，门外是阳光大道；对手是一条河，河的那边是宽广的草原；对手是一座山，山的那边是翻越成功后的喜悦。推开了对手的门，我们就可以看到那宽敞的阳光大道；趟过了河，我们就可以奔跑在宽广的草原；翻越了山峰，我们就可以领略到“一览众山小”的喜悦。对手，是我们成长路上的朋友，是我们生活中不可或缺的敌人，所以，尊重对手，感恩对手吧！让你的人生因对手而变得更加精彩吧！